疯狂造物

# 3D One

## 创意设计与制作完全攻略

何超 徐春秀 朱少甫 编著

蒋礼 孙洪波 主审

U0213324

化学工业出版社

·北京·

## 内容简介

本书聚焦 3D 创意设计与制作，在三维设计知识的基础上，详细讲解实体建模、数字雕刻、程序建模、作品的呈现与表达、实体造物等方法，使读者的设计能力得到启发和提高，同时本书通过 STEAM、PBL 等综合应用实践案例，将 3D 设计与电子、编程等充分融合，将造物变得更加有趣。本书配有相应的讲解视频，以便读者学习。

本书适合青少年和创客使用，也可作为中小学和青少年培训机构的教学用书和学生自学辅助教材。

## 图书在版编目（CIP）数据

疯狂造物：3D One 创意设计与制作完全攻略 / 何超，徐春秀，朱少甫编著. — 北京：化学工业出版社，2022.1

ISBN 978-7-122-40253-0

Ⅰ．①疯… Ⅱ．①何… ②徐… ③朱… Ⅲ．①快速成型技术 Ⅳ．①TB4

中国版本图书馆CIP数据核字（2021）第226710号

---

责任编辑：曾　越　　　　　　　　装帧设计：景　宸
责任校对：王　静

---

出版发行：化学工业出版社（北京市东城区青年湖南街 13 号　邮政编码 100011）
印　　装：北京瑞禾彩色印刷有限公司
710mm×1000mm　1/16　印张 14$\frac{1}{2}$　字数 221 千字　2022 年 6 月北京第 1 版第 1 次印刷

---

购书咨询：010-64518888　　　　　售后服务：010-64518899
网　　址：http://www.cip.com.cn
凡购买本书，如有缺损质量问题，本社销售中心负责调换。

---

定　价：79.80 元　　　　　　　　　　　　　　版权所有　违者必究

# 前言

从 2015 年 3D One 1.0 版本上市到 2021 年 3D One Ai 的出现，我与这个系列的软件相识已有七年之久。它的每一个命令，我都可以熟练到闭着眼睛为学生和老师们讲解，而它每一次功能模块版本的迭代，我和我的教学团队也都会第一时间下载进行测试，并向官方软件研发团队提供反馈信息。同样，在 3D One 社区中，通过答疑与分享，我也从一名普通的 3D 爱好者，升级成为一名创客导师。可以说我们见证了彼此的成长。

虽说我们已经编写过很多关于 3D One 软件设计相关的纸质教材和视频教程，但是总感觉要么过于强调软件命令的使用，要么单纯突出了创作的主题，而忽略了该类图书应有的系统、连贯的知识体系，因此总会给读者带来疑惑。经过多方面调研总结，我们决定编写本书，这是一本融合了我们团队多年教学经验的秘籍，一本更加适合读者了解三维设计造物理念的图书，一本青少年 3D 创意设计与制作方法的科普读物。

全书共分为四大部分 8 个章节，内容丰富，图文并茂，并录制了详细的视频教程：

第一部分（第 1~2 章），启发读者寻找设计造物真正的创作灵感与动力，引导读者如何做好造物前的一切技术准备工作。

第二部分（第 3~5 章），为读者呈现 3D One 软件实体建模、雕刻建模、程序建模三大数字化造物的核心功能，帮助初学者快速掌握建模工具的使用技巧。

第三部分（第 6~7 章），从设计的角度进行知识的延续。分别从虚拟方面（三维渲染与三维动画）和实体造物方面（3D 打印与激光切割等技能）进行拓展，引导读者尝试多种数字化造物方法。

第四部分（第8章）探讨3D造物技术与创客教育、STEAM教育以及PBL项目式学习之间的关系，并展现贝勒教学团队的实践成果，以供读者学习参考。

无论是跃跃欲试，正准备在3D领域一展宏图的创客少年，还是每日沉浸在无尽教培工作的谆谆教员，或是正在因教育而一筹莫展的父母，相信都可以在本书中找到想要的答案。

本书百十来页的篇幅，但编写过程并非一帆风顺。经过了无数次的构思—试课—讨论—推翻重来—再编写—再讨论，也经历过从北京、青岛到陕西，从青海到上海等地的教学试课，每一次内容的推翻重来不仅是对编写团队自信心和创造力的严峻考验，更与创作本书的核心目标息息相关，这也是贝勒教学团队一直遵循的创作理念——"做有价值的教学内容"，努力为本书提供最优秀的内容。

真诚感谢每一位参与本书编写的成员，以及在创作中为我们提供帮助的伙伴，本书正是因为他们的辛勤付出和反复试错才得以完成。参与本书编写的教师有（排名不分先后）何超、朱少甫、徐春秀。

还要感谢每一位参与其中，给予宝贵意见的朋友，他们有：首都师范大学的刘秀峰老师，中望3D One公司的蒋礼、孙洪波、王璇、谢琼、林山、岳岩，深圳柴火教育的且曦先生，北京太尔时代科技有限公司的秦易和郭峤先生，无锡捷泰通用技术有限公司的孙健先生，前北京寓乐世界科技有限公司的安美淇女士，中关村第三小学的郭学锐老师，上海市第三女子初级中学的谢丁老师，以及笔者挚友许治军女士。

本书是较为系统梳理青少年3D创意设计与制作方法的图书。再完备的准备都难免有所遗漏，不可能详尽更正，若有不完善的地方，还请大家多多谅解，非常欢迎您能够给予宝贵的反馈。

@超级贝勒何

扫码下载源文件

part 1

设计基础

第1章 何为设计 为何设计

1.1 设计的含义 / 002

1.2 设计的思路 / 004

1.3 数字化造物的流程 / 005

　　1.3.1 头脑风暴，绘制思维导图 / 006

　　1.3.2 手绘图纸，明确外观轮廓 / 007

　　1.3.3 三维建模，设计外观与结构 / 008

　　1.3.4 三维渲染，优雅呈现结果 / 009

　　1.3.5 动画设计，展示运动关系 / 010

　　1.3.6 模拟仿真，衍生多重可能 / 011

　　1.3.7 实体制造，创造真实作品 / 012

　　1.3.8 电路设计，体验声光电的魅力 / 013

　　1.3.9 数字编程，人工智能伊始 / 014

1.4 造物设计的目的 / 015

1.5 认识数字化造物设计工具 / 016

　　1.5.1 平面绘制工具的选择 / 016

　　1.5.2 三维设计软件的选择 / 017

　　1.5.3 造物硬件设备的识别与选择 / 020

第2章 造物工具的获取与安装

2.1 三维设计软件的下载与安装 / 022

2.1.1 3D One 系列软件介绍 / 022

2.1.2 3D One 系列软件下载与安装 / 023

2.1.3 3D One、3D One Plus、3D One Cut 软件界面介绍 / 024

2.1.4 3D One、3D One Plus、3D One Cut 软件基本操作 / 027

2.2 三维渲染软件的下载与安装 / 028

2.2.1 KeyShot 软件介绍 / 028

2.2.2 KeyShot 软件下载与安装 / 029

2.2.3 KeyShot 软件界面介绍 / 030

2.2.4 KeyShot 软件基本操作说明 / 030

2.3 三维切片软件的下载与安装 / 031

2.3.1 三维切片软件介绍 / 031

2.3.2 三维切片软件的下载与安装 / 031

2.3.3 UP Studio 软件界面介绍 / 032

2.3.4 UP Studio 软件基本操作 / 033

2.4 激光切割软件的获取与安装 / 034

2.4 1 LaserCAD 软件介绍 / 034

2.4.2 LaserCAD 软件的获取与安装 / 034

2.4.3 LaserCAD 软件界面介绍 / 035

**第 3 章　实体建模**

3.1 实体建模思路 / 038

3.2 核心功能模块的组成 / 038

3.3 基本几何体的创建、改变属性与布尔运算 / 039

3.4 2D 转 3D 工具 / 043

3.5 优化模型工具 / 048

3.6 特殊工具 / 052

3.7 其他工具 / 057

3.8 实例教学 / 059

萌犬小Q | 难度指数：★ / 059

农家稻米车 | 难度指数：★★ / 063

社区加油站 | 难度指数：★★★ / 069


第4章　数字雕刻

4.1 数字雕刻建模思路 / 085

4.2 核心功能模块的组成 / 085

4.3 视图工具 / 086

4.4 变形工具 / 087

4.5 拓扑工具 / 092

4.6 平滑工具 / 095

4.7 遮罩工具 / 096

4.8 实例教学 / 097

怪物兄弟 | 难度指数：★ / 097

飞天炎魔 | 难度指数：★★ / 101

萌妹换装 | 难度指数：★★★ / 109


第5章　程序建模

5.1 程序建模思路 / 119

5.2 核心功能模块的组成 / 119

5.3 "编程建模"工具 / 120

5.4 "逻辑运算"工具 / 124

5.5 "辅助工具"命令 / 126

5.6 实例教学 / 127

编织的宇宙 | 难度指数：★ / 127

无限反转 | 难度指数：★★ / 131

空中走廊 | 难度指数：★★★ / 139

part 3
**造物与呈现**

**第6章 作品的呈现与表达**

6.1 三维渲染 / 152

　6.1.1 三维渲染介绍 / 152

　6.1.2 作品渲染四要素 / 152

　6.1.3 材质 / 153

　6.1.4 光照与环境 / 158

　6.1.5 相机 / 160

　6.1.6 渲染器 / 161

6.2 动画预演 / 163

　6.2.1 三维动画介绍 / 163

　6.2.2 动画的分类 / 163

　6.2.3 装配动画制作流程 / 164

6.3 实例教学 / 166

　电路爆炸图渲染动画 | 难度指数：★ / 166

　秋天里的记忆 | 难度指数：★★ / 171

**第7章 实体造物**

7.1 3D 打印增材制造 / 179

　7.1.1 3D 打印工作原理 / 179

　7.1.2 3D 打印工作流程 / 180

　7.1.3 3D 打印造物步骤 / 180

　7.1.4 核心参数讲解 / 182

7.2 激光切割减材制造 / 185

　7.2.1 激光切割工作原理 /185

　7.2.2 激光切割工作流程 / 186

　7.2.3 激光切割造物操作步骤 / 187

　7.2.4 核心参数讲解 / 192

7.3 手办翻模与等材制造 / 196

　7.3.1 翻模制作原理 /196

7.3.2 手办翻模制作流程 / 196

7.3.3 手办翻模的材料 / 197

7.3.4 实例教学：角色手办翻模 | 难度指数：★ / 198

7.4 加工后处理 / 199

7.4.1 作品后处理概念 / 199

7.4.2 作品美工后处理流程 / 200

7.4.3 实例教学：角色手办彩绘 | 难度指数：★ / 200

## 第8章　疯狂造物与教学案例

8.1 创客类作品 / 205

8.1.1 独立创客作品：3D 打印儿童画 | 难度指数：★ / 205

8.1.2 进阶创客作品：结构设计与优化 | 难度指数：★★ / 208

8.1.3 综合创客作品：开源电子结合案例 | 难度指数：★★★ / 212

8.2 STEAM 教育与学科融合作品 / 213

8.2.1 STEAM 教育理念 / 213

8.2.2 STEAM+ 地理实验：圆明园地图 | 难度指数：★ / 214

8.3 PBL 项目式学习作品 / 215

8.3.1 PBL 项目式学习 / 215

8.3.2 主题场景作品：场景设计与还原 | 难度指数：★★★ / 216

8.3.3 PBL 项目案例：MR 混合虚拟现实驾驶赛车项目 |

难度指数：★★★ /220

part
1

设计基础

# 何为设计
# 为何设计

## 1.1 设计的含义

什么是设计？相信每个人心中都会有不同的答案。

如果你问服装设计师，她会告诉你设计就是通过布艺结合创造技法，为人们提供更舒适、更漂亮的服装；如果你问建筑设计师，他给出的答案可能是使用木材、石块、钢筋和水泥等材料，混合搭建结构稳定且外形独特的建筑；如果你问产品设计师，他可能会说是解决工作和生活中的问题，创造出满足人们需要的产品；如果你问游戏设计师，为人们休闲生活带来欢乐才是他们最核心的目标……

翻阅字典不难发现，"设计"一词中的"设"字含有"布置、安排、设立、设置、筹划"等意思，而"计"则含有"算账、总计、计算，引申为打算、谋划"等含义。综合来看，"设计"这个词既包括人们对客观事物的构思与筹划，也包含有如何实现预期而规划的步骤。

本书旨在协助青少年群体和创客爱好者们迅速掌握数字化造物的流程和技法，能够运用计算机辅助设计与制造工具来呈现造物的结果，让原本停留在大脑中的虚无缥缈的灵感，变成所有人都能看得见、摸得着的作品。因此，本书理解的"设计"这个词分为三个层次：属于价值层面的设计，属于意识层面的设计，属于技能技巧层面的设计。

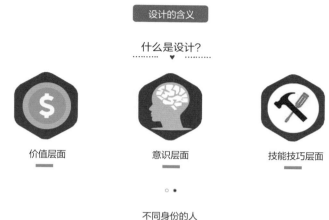

不同身份的人
对设计有不同的认识

### （1）价值层面的"设计"

**宏观层面：** 设计之初，设计师就要对设计的最终目的是什么有所思考，在锚定设计的目标对象后，不停地在设计者和用户之间进行切换，向自己提出各种问题，并寻找答案。究竟什么才是用户最需要的？通过何种手段才能够真正帮助他们解决问题？如何能在成本与效率之间达成平衡……

培养这样思考问题的方式，也有助于我们明确造物目标，制订更加具体的造物计划，为设计与创造提供帮助。

### （2）意识层面的"设计"

**中观层面：** 由于每一位设计师的经历不同，对创意设计的认识与理解也不同，因此，需要在一个符合人们对设计理解普遍认知的前提框架下，来思考如何创新、如何适应现代人们彰显个性的需求。这里不仅要求作品在外观上有明显的特征，其内部结构也要更加优化合理，让观者看之陶然，用之欣喜。

### （3）技能技巧层面的"设计"

**微观层面：** "设计"突出创意设计的流程，强调数字造物的具体技法。设计师要事先进行头脑风暴，组织并整理众多身份和经历不同人的想法，归纳、设计出理想的设计方案，手绘出头脑中的形象，然后借助计算机辅助设计与制造工具，实现立体建模与三维渲染，不断迭代优化设计的作品，最终选取 3D 打印机或激光切割机等数字制造设备，将作品落实为产品。

## 1.2 设计的思路

在设计与造物的过程中，有经验的设计师会优先整理设计思路，因为他们知道，明确规范好设计蓝图，能够极大地提高造物的速度与效率，提高造物的质量。

"合理的设计思路是什么？""如何才能在造物之初就制订好执行计划"……基于这些问题，很难给出固定的答案，但是，这恰恰是设计造物过程中最大的魅力所在。

值得庆幸的是，通过对大量创客作品的研究和总结，以及对国家知识产权相关条文的查阅与归纳，我们可以从中抽取出三个高频关键词，即"外观""结构""实用性"。通过对其定义进行展开与联想，兴许会对刚刚踏入设计师领域的青少年们来说，提供一定的借鉴。

### （1）作品外观

外观可以准确、可视化地描绘出作品的轮廓、形状和尺寸等信息，一旦确定作品外观，那么任何人都能清楚地界定作品的终极形态。

相同作品的外观会存在差异性，其自身特点需满足实际需要，否则好的外形，中看不中用，经不起推敲，也就无法真正用于工作和生活。

### （2）作品结构

创客作品的结构须具备足够的强度，能够承载自身重量。出色的作品结构，在很大程度上依赖于海量数据的采集和存储、精密计算，以及合理的分析与判断。

优秀的作品必须具备合理的内部结构，能够做到"可制造、可使用、可复制"，也要经得起各种环境下的验证，当然，这也是"未来设计"不断迭代更新的黄金准则。

外观 ▶ 明确作品形态
结构 ▶ 承载作品信息
实用性 ▶ 赋予作品价值

设计效率　　　设计质量

作品外观　　　　　作品结构　　　　　实用新型

### （3）作品实用性

优秀的作品不应单纯是抽象思维的产物，必须能在真实的世界、专属的领域有所展示、有所应用，这才是作品本应具备的实用价值。

此外，随着信息技术的不断进步，大量优化的设计方法与设计思路喷涌而出，极大地促进了解决现实问题的各种新方法、新流程的产生。优秀的设计方案不仅具备可实施、可显现、有益处等特性，也以极高的效率改善着作品的创造速度与质量。

## 1.3 数字化造物的流程

出色的作品源自巧妙的设计思维，而卓越的内容则离不开当代创客设计师所掌握的数字化造物技能，原因很简单，数字化造物是一种快速、可复制、高水准的造物手段。

当代社会，由于社会分工越来越精细，一件出色的创客作品已经很难再由个人独立完成，尤其是那些大型且复杂的作品，其内容涉及方方面面的专业知识与技术，需要联合众多领域专业人才共同参与。如何使参与者的思想和行为保持一致，对完成最终作品，把握作品的高品质，将起到至关重要的作用。

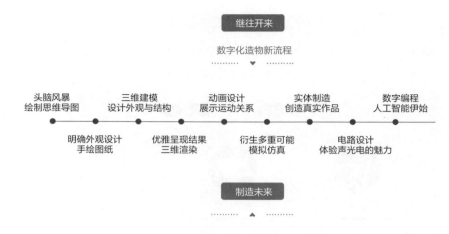

当代创客设计师技能进阶之路

## 1.3.1 头脑风暴，绘制思维导图

创客造物的初期，当设计师毫无头绪时，或者创作过程中出现创作瓶颈，不知何去何从时，不妨以组织志愿者集体讨论的形式，集思广益，综合多数人的创意与观点，形成一个行之有效的解决方案。这种集体讨论的形式常被称作"头脑风暴"。

"头脑风暴"最大特点是集众人之所想，集大家之所长，在思想交互的激烈碰撞中，收集整理瞬间迸发出来的无限灵感，以形成文字性的结果作为收尾。如果只是一说一过，很难在头脑中留下深刻印象，甚至会因只记得只言片语，而忽略真正探讨出的结论。

通常来说，"头脑风暴"的结果是总结之后的各类关键词以及各关键词之间的逻辑关系，其特点是简洁、有概括性、可分辨、可复述。一般可先将名词、动词和表现为数量的词汇（数词）汇总，尽量减少形容词的使用，这样表述起来更加精准可靠。然后进行逻辑递推，突出核心关键词的地位，弱化次要成分，甚至直接删除不重要的部分，使之以节点形式进行排布，方便优化与增减。结果以可视化的方式呈现，且必须清晰、一目了然。

当然也可以尝试在 PC 端或移动端使用各类思维导图等数字化工具，这样可以让

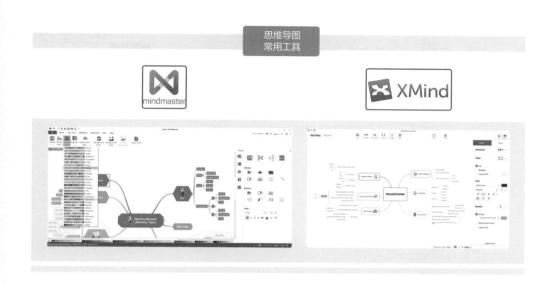

信息的提取、存储与传输更加方便、快捷，修改起来也更加方便。 常用的思维导图软件有 mindmaster、XMind 等。

### 1.3.2 手绘图纸，明确外观轮廓

明确设计框架后，将思维导图中的文字和节点转化成手绘图。 这是第一次将存留在自己大脑中的虚无缥缈的思绪落实纸面的过程，其目的是希望所有观看的人明白设计者的真实设计意图。 当然，这个过程也将会是设计者整理思路的最佳时刻。

手绘作品的过程中，如果是不擅长绘画的设计者，也可以通过剪报、涂鸦、拼图等形式进行代替，或者借助几何图形作为辅助，把标准图案罗列在一起即可，不用管什么透视、色彩等美术专业知识，只要用线条进行勾勒即可。 当完成这些工作后就会发现，之前模糊的记忆，现在已经在一定程度上具象出来，甚至已超越外形，设计者已经开始关注作品的内部结构和产品可以实现的功能了。

倘有余力，建议多选择几个角度，再对作品进行绘制。 可凭借四视图（正视图、侧视图、俯视图和透视图），让绘制出来的作品更清晰，这样方便审视正在设计的作品；如果能够区分出组成作品的不同模块与零件，也可以将所有部分都拆开来绘制；如若能够想象出它们的空间形态，就尽量着手绘制，并标注具体的尺寸加以说明。 草

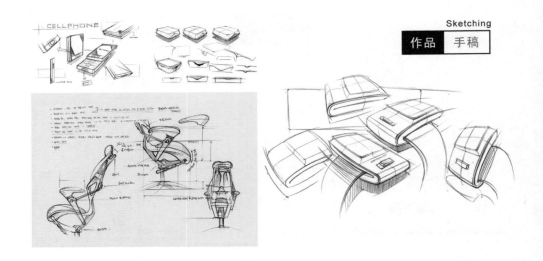

图绘制阶段，多用尺寸标注，远比单纯用线条更精准、可靠。

总之，手绘图纸就是让设计师"纸上谈兵"，用一种超低成本的方式来描绘作品，从外表轮廓到零件细节，呈现越清晰，为后续的工序提供的帮助也就越多。

### 1.3.3 三维建模，设计外观与结构

接下来的工作，是将手绘草稿导入计算机设计软件，以绘图为蓝本，进行数字化仿真。可参照手绘图对作品进行三维模型的创作。三维数字建模的过程（CAD）将会对创作者的空间感知能力和建模技巧提出新一轮考验。

设计师需要对作品结构有充分的认识。为了创作出独一无二的作品，需要对具有相似特征的产品进行调查与分析，这一环节必不可少。原创精神不仅体现出设计师们对自我的认可和对他人的尊重，借鉴优秀作品也可以"站在巨人的肩膀上"，让你走得更远、更稳。

另外，三维建模毕竟是一个从二维向三维空间设计适应的过程，很多原先在画纸上成立的作品，一旦导入到三维环境，未必就能够成立，所以需要给作品重新定位。

在三维空间中初次建立模型的"初始点"通常被称作"坐标原点"，而沿着物体

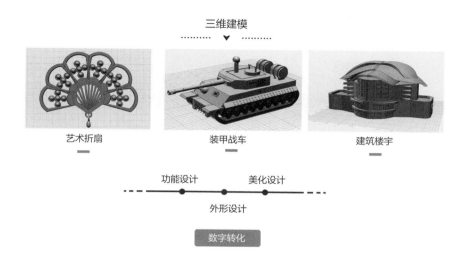

上下、前后、左右延伸出去的 6 个方向也被称作"6 个自由度"。一旦锁定这 6 个自由度的"位移""旋转"和"缩放"参数，那么在任何情况下都可以在同一位置点创建物体。

另外，对作品进行外形设计时，也并非可以随心所欲，需优先满足结构载重，再来考虑外观造型的设计，这样能够减少设计环节中很多不必要的重复工作。建议参考"从内向外"的设计思路：例如制作一个保温杯的三维模型，先给水杯预留盛水的空间，再设计杯盖和杯身的衔接方式，最后才进行外形上的优化。

有时候，揣摩三维设计中模型构建过程，远比学会数字化建模软件那些具体工具的使用意义更大，这也许就是技术与技能的最大区别所在。

### 1.3.4 三维渲染，优雅呈现结果

对于很多刚刚踏入设计师领域的初学者来讲，三维渲染的概念理解起来会比较模糊，此时，他们会误认为"只要给三维模型附着颜色即是渲染"。实际上这种认知较为片面，因为对于这个概念的理解，渲染被等同于美工着色，而设计领域中普遍强调的渲染概念，是在屏幕上展示真实三维空间实物效果。

三维渲染对设计师的审美和计算机的软硬件要求比较高，在进行这个模块的应用

## 三维模型与渲染

原始模型

▲ 模型线框显示          ▲ 模型素模显示

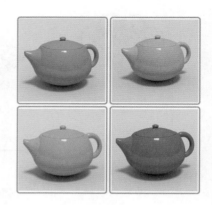

▲ 模型渲染显示

时，会要求设计师尽量通过参数模拟真实物理光照。 对于某个具体物体的颜色、照明、光影等属性，需要进行针对性的调整，需要把摄影机代替成为人类的眼睛，作为观察物体的媒介，将三维空间的环境映射在二维平面的画面中（如照片或是动画），而最终结果也要完全基于真实世界进行呈现。

简单来说，三维渲染就是通过各个模拟真实物理参数的计算，用屏幕（一个个小像素块的集合体）这个平面呈现三维场景的过程。 因此，很多动画短片或影视剧中，我们所看到的酷炫无比的特效，很大程度上均归功于三维渲染这一模块。

在很多创客比赛里，如果能恰到好处地插入几张作品的渲染图或渲染动画，或许更能俘获评委的心，毕竟人们的眼睛都会自动捕捉美好的事物。 渲染作品要远远比普通三维模型呈现的效果好很多。 通过三维渲染，可以更好地展示产品的最终效果，以及不同作品中不同结构和功能的应用，不用使用更多的言语，仅凭几张图片就能让客户或领导兴奋不已。

### 1.3.5 动画设计，展示运动关系

设计师为更好地表现三维作品的状态和模型的空间关系，通常会为其制作动画。为方便大家认识，依据动画作用的对象可分成"角色动画"和"装配动画"两类。 前

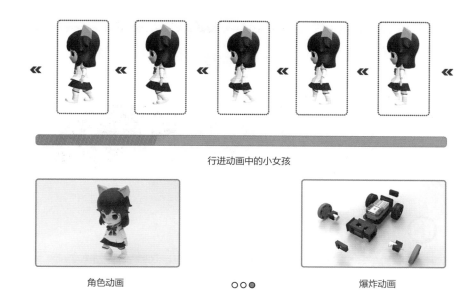

行进动画中的小女孩

角色动画 　○○● 　爆炸动画

者设置的对象是角色模型，如人物、动物、植物等实物模型或卡通形象等，而后者则对应的是机械零件模型，如汽车发动机、自行车等。

"角色动画"重在表现角色模型的运动轨迹、姿态变化，通过表现其持续动作的图片或视频，来阐述动画的故事内容。而"装配动画"（又称"爆炸动画"），则更突出物体装配零件之间的内部关系，如拼插、啮合、联动等，着重体现装配物体各模块的位置和功能。

随着国内外创客作品整体水平的普遍提高，越来越多的设计师苦练三维动画制作的技能，甚至不惜花费一两年时间来模仿、预演一个真实物体的各种运动模式，只求得到理想中的效果。

### 1.3.6 模拟仿真，衍生多重可能

随着创客造物作品的不断专业化，创客设计领域则对作品的稳定性和实用性提出了更高的要求，计算机模拟力学仿真设计的结果逐渐成为设计师设计作品时所需要参照的对象。

三维模拟力学仿真技术（CAE）的实质，是运用计算机快速运算与处理能力，模

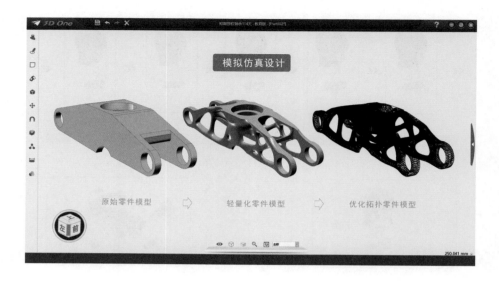

拟真实物理世界中物体的静态力学、流体力学、电磁学、物体碰撞等环境，为创客作品制造所需要的实验条件，减少制造生产环节不必要的时间和材料上的浪费，提高创客作品的稳定性和可靠性。

当前模拟仿真技术越来越趋向于"轻量化设计"（或"创程式设计"），其实质就是要求作品在实际生产出来后，在不改变物体承重强度的情况下，通过仿生模拟生物体结构的技术，进行大量有限元数据采样与分析，以实现作品减重的目的，从而做到绿色可持续的生产。最典型的案例就是给飞机机身减重，据说每年可以节省航空燃油数千万吨，大大降低了航空运输的成本。

### 1.3.7 实体制造，创造真实作品

当代的工业化生产与制造，进入到无人化机械自动生产流程：只要给计算机输入模型信息，整条工业生产流水线就会迅速开动，高质量、高强度地开展作业。

当然，整条智能生产流水线中离不开前期实体制造的各种实验，这期间和本书内容有最直接关系的部分，就是将三维虚拟模型传输给 3D 打印机和激光切割机，完成实体打样零件。

为方便读者理解，我们将传统生产方式与现代化生产方式进行对比。传统生产方

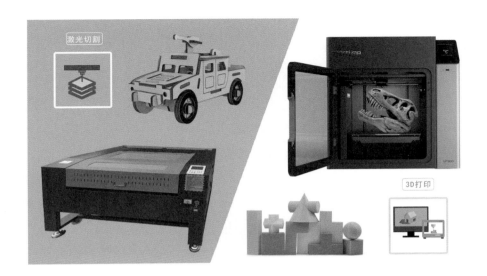

式如切、铣、刨、钻等，都是对一块完整的物料不断雕琢与优化，最终形成不同零件或作品，我们称其为"减材制造"。在第 7 章实体制造中，我们会专门通过案例制作进行讲解，展示如何利用激光切割、雕刻机来制作作品。

另一种现代化的生产方式被称作"增材制造"，就是"3D 打印技术"，也被称作是"快速成形技术"，即通过对原材料加热，改变材料自身分子属性，再像堆积木一般生成融合且完整作品的过程。本书中采用最常用的 3D 打印成形方式——"熔融沉积式"（FDM 技术）加以说明。这种方式的生产成本低，制造效率高，安全性能相对有保障，适合处于创客初期的创作者使用，因此本书中所涉及的 3D 打印制作内容皆使用 FDM 技术。

### 1.3.8 电路设计，体验声光电的魅力

如果说实体造物完成的是作品的"躯体"，那么电路设计可以称得上为作品添加"灵魂"。通过铺设作品内部的电路系统，添加声、光、电等元素，可以让已经实体化的作品散发出更多活力。

### 1.3.9 数字编程，人工智能伊始

越来越多的设计师不再满足静态创客作品的结果，开始尝试突破物体外观和结构方面的设计，更多强调作品的自动运动与控制，而这些都需要通过计算机辅助编程来实现。在计算机编写环境下，将一行行代码输入预设程序中，就可以实现物理世界机械的自动运行，大大提升作品的科技含量与智能化水平。

早期的代码编程既要考虑计算机硬件自身限制，又要结合编程代码运行的逻辑规律，这对于程序工程师来说非常困难，如那些嵌入式编程。如今科技的飞速发展已经极大地改良了编程设计的环境，设计师只需要关注代码本身的语言和逻辑便可以操作，如经典的 C 语言、C++、Python 等。

对于青少年群体和刚刚入门创客领域的初学者来说，可以使用更加简单、直观、有趣的图形化编程软件，如使用 Mixily 中的色块编写程序，使用 Arduino 中的软硬套件完成可遥控小车的自动巡线驾驶等。

从设计者们最初停留在大脑中的想法，到最终得以实现的全过程需要涉及诸多方面的知识，包括对传统工艺与现代生产技术的了解，以及美术、计算机、制造等领域的专业知识与技能，这些都会为设计者们带来挑战，当然也会对他们的综合素养的提

数字编程 & 开源硬件
Digital Script & Open-Source Hardware

高提供必要的训练。

## 1.4 造物设计的目的

创客造物过程中包含两个很重要的因素：一是设计者要非常清楚自己造物的目的到底是什么，知道自己因为什么而设计，是因为一时兴起为展示设计才华，还是通过设计来解决难题；另一个要素则是设计师们能够快速识别并选择最适合自身的造物工具，花费小的学习成本和最高的制作效率，实现自己的造物梦想。

确定造物设计的目的其实没有那么复杂，不外乎以下三种类型。

### （1）因为设计而设计

此类目的是因为设计者正处于学习设计和造物技术的阶段，要通过具体的实物训练来检验自身学习状况。当然不排除才华横溢的设计者为展现自身能力而为之。

### （2）因为参赛而设计

此类设计者的设计目的非常明确，就是希望通过自身掌握的造物技能获得更好展示自我的机会。持有这样心态的设计师最需要研究的是具体赛事和赛项的主题和要求，

造物的目的是什么

解决问题

参加赛事

设计制作

研究每一个得分与失分细则，参考历届的优秀作品特点，根据自身优势制定相应作品。

### （3）因为解决生活难题而设计

这类设计师的设计目的两极分化较为严重，基于人类造物和改善自身所处环境的一种本能，所以能够解决具体问题就是成功，其作品的功能性很强，但有时未必赏心悦目。想要做到美观与实用并存，同时满足使用者身体与心理的双重诉求，又会成为极其困难的任务。

不论设计者最原始的设计动机是什么，只要用积极的心态面对它，通过不断研究与实操，不断更新知识储备，用先进的科技手段优化设计与制作的流程，总会有不一样的新发现。

## 1.5 认识数字化造物设计工具

当设计者萌发出最原始的创造热情与造物欲望的时候，最重要的任务之一就是快速选择正确、方便的设计工具，以便使造物的进程得以迅速实现。

### 1.5.1 平面绘制工具的选择

平面绘制工具（二维绘画）除传统的手绘工具以外，可以使用现代化计算机图形工具加以辅助。这里着重推荐计算机平面绘图工具，一方面提升科技新鲜感，激发创作热情，另一方面为后续的造物流程提供更多技术上的支持与便利。

之所以选择计算机平面绘图工具，主要是利用软件中重要的"图层""通道"与"选区"等功能，方便进行撤回、颜色吸附等命令，各种图片格式的导出与转换、设计尺寸和比例的参照、笔刷的迅速切换等。正是因为这些工具，使得操作变得更加方便、快捷。

如果设计者使用的是桌面电脑或是笔记本电脑，那么建议配备一台数字手绘板，这样就可以通过 Photoshop、Painter 等绘画软件进行草图设计。 如果有 IPad 平板电脑，则可以配备一支电子手写笔，并在应用商城中下载 Procreate、MediBang Paint、Sketchbook、Paper、概念画板等应用程序。 通常学生和教师使用的软件属于免费或低收费应用程序，而如果需要使用特殊功能，则需要另行收费。

### 1.5.2 三维设计软件的选择

市面上三维设计软件种类繁多，经常给初学者造成极大的选择困扰，为方便大家认清不同品类软件之间差异，以及了解它们之间各自的特色，我们将市面上常用的三维设计软件进行了梳理。

### （1）实体参数化建模

这个类型的建模软件属于工程设计领域中最早期的计算机辅助设计软件，通常被称作 CAD 建模工具。 设计者可通过具体数据重新定义三维模型的长、宽、高、直（半）径等参数，从而改造标准几何图形，或者通过绘制截面并进行拉伸、旋转等方式，将 2D 平面图形转化成 3D 立体模型。

**三维设计软件的分类**

实体参数类软件

曲面造型类软件

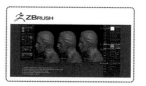
数字化雕刻类软件

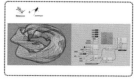
程序设计类软件

游戏互动类软件

常见的参数化建模软件有 Autodesk 公司旗下的 CAD、Auto Inventor、Fusion 360、Tinkercad 等，法国达索公司的 Solidworks、CATIA 以及其他软件公司的 UG、Creo、Sketch up 等，国产软件则有中望 CAD、3D One、CAXA、IME 3D 等。

实体参数化建模软件

### （2）曲面造型建模

曲面造型建模软件最大的特点是能够多次细分实体模型表面（优化拓扑），可以通过调节模型细分后点、线、面的位置，改变位移、旋转和缩放等基本物理属性，改变模型的外观与结构。

此种形式的软件，进行三维建模最大的好处就是优化模型细微特征十分便捷，非常适合创造角色形象和一些相对复杂的作品，同时会综合其他功能，如渲染、动画、特效等，使得软件整体功能变得比较强大，但这样也会导致后台算法占用大量的计算机硬件资源，给电脑带来不小的负担。因此，时刻保持优化设计的意识就显得特别重要。

常见的软件包括 Autodesk 公司旗下著名的 MAYA 和 3DS MAX、欧洲动漫设计师们流行使用的免费开源软件 Blender，以及曲面算法非常强大的 Rhino（犀牛）等。

对于青少年群体，这类软件会显得较为庞杂，建议在掌握三维软件使用基础和三维空间感知能力后再来学习。

### （3）数字化雕刻建模

数字化雕刻建模软件最适合提供给有志成为美术设计、雕塑设计或者动漫影视造

曲线造型设计软件

型设计的设计师使用。在模拟真实雕塑的过程中，可使用软件中各种"笔刷"工具，对一个完整的基体模型进行捏塑。这个过程与使用手工刻刀、锤子和凿子等工具对泥塑模型雕刻十分类似。

市面上相关的软件种类不多，其中最著名的就是 ZBrush，影视流程中也会用到 Mudbox。对于初学者或者青少年群体，可尝试使用 Sculptor 这种开源免费且占用计算机很少硬件资源的软件，也可以选择 3D One、IME 3D、Blender 等软件中的数字雕刻功能模块。

### （4）程序设计建模

程序设计建模软件对于使用者的要求比较高，既要有数学、物理知识基础，也要对计算机编程和算法有一定了解，无论制作何种作品，均需经过精密计算，连接一大堆节点才能够实现。因此并不适合一般设计师使用。最具代表性的软件如 Matlab 和 Rhino 软件中的 grasshopper 插件，后者常用于现代建筑设计领域。

### （5）游戏化建模

游戏化建模软件通常是在电脑游戏中衍生而来，也会有少数企业或社群爱好者开发改装，并不具备规模性，但是非常适合低龄学生入门学习，如 Minecraft 配合相关插件即可实现。

### 1.5.3 造物硬件设备的识别与选择

为方便读者在阅读本书时更好地选取造物装备，根据本书中所涉猎的造物环节，我们以 3D 打印机设备的选取为例，为大家展示如何识别和选择得心应手的数字化造物工具。

考虑到本书所面向的读者群体多为青少年、创客教师及初级设计师，昂贵且过于专业的设备并不适用，因此以下特总结 6 大要素，供读者参考。

#### （1）设备安全性高

FDM 型 3D 打印机需要通过热熔塑料来完成从原材料到最终成品的制作，无论常用的耗材使用的是 ABS（工程塑料）还是 PLA（聚乳酸塑料）可降解材料，打印机喷头的温度都会超过 200℃，因此，为保证使用者的安全，应当将保护使用者不被烫伤作为设备选择的首要参考因素。建议使用封闭箱式和拥有开门暂停使用等功能的设备，确保使用者不会触碰到打印机喷嘴。

#### （2）设备稳定性好

设备的稳定性一方面表现在 3D 打印机自身结构需要足够结实，另一方面所制造出的作品能够持续保持精度。使用者应该更多选择"龙门架"这样结构更加稳定的设备，而非折叠 DIY 自制的那种，使用者很难像专业人员那样精准调试设备，这会给后续的连续使用造成极大困扰。

#### （3）设备使用频次高

对于科普教学使用的创客师生来说，这点尤为重要。虽然不像创客玩家那样时常制作作品，但是学生的作品存在阶段性、大批量打印频次的特点，因此设备使用的持久性就显得非常重要。

### （4）设备使用便利性强

经过不断的发展与改进，很多 3D 打印设备已经具备了自动调平、断电续打、打印队列、远程控制、自动更换底板等功能，尽可能减少使用者不必要的清理维护、校准等繁琐工作，这才是设计师应当关注的特性。

### （5）设备与材料的性价比高

正所谓"一分价钱一分货"，好的设备与材料通常贵的原因不外乎制造工厂采用规格和品质较高的零件和原材料，所以体现在最终价格上就会有明显的区别。相反，那些整体价格明显偏低的设备与材料，很大程度上采用了低成本的零配件进行组装，而成本低通常意味着使用的零配件的寿命较短、稳定性较差。

### （6）提供售后支持服务

建议本书读者选择设备时，选择配有专业售后维护团队的品牌，减少因设备耗损问题而产生无谓的精力和时间的浪费。

第 2 章

# 造物工具的获取与安装

## 2.1 三维设计软件的下载与安装

由于本书主要读者为青少年及教育相关工作者，因此，为方便读者快速理解并掌握数字化造物的相关知识与技能，尽早实现原创设计，本书三维建模案例均使用 3D One 教育版，三维渲染和动画部分则选用 KeyShot 软件。

### 2.1.1 3D One 系列软件介绍

3D One 系列软件是一款面向青少年群体的基础三维设计国产软件，在全国中小学范围内有着较高的知名度和使用率，全国已经有超过数万所中小学和培训机构使用该软件开展科学课、信息技术和通用技术的日常教学。

在 3D One 系列软件中包括 4 种不同分支的专属软件，分别是面向中小学基础三维设计的 3D One；面向中高职和本科院校学生使用的 3D One Plus；辅助激光切割机使用的 3D One Cut；与智能编程相结合的 3D One Ai。

3D One 设计软件针对使用者具体应用环境，分为 3D One 家庭版和 3D One 教育版，前者只针对在家学习和使用的学生与创客初学者们，软件不向使用者收取费用，但部分功能受限，后者则面向学校、青少年等培训机构，软件会收取费用。

### 2.1.2 3D One 系列软件下载与安装

**步骤 01** 登录 3D One 官方网址，鼠标移至顶部菜单栏，选择【产品下载】进入软件下载界面。

**步骤 02** 选 择 3D One（绿色图标），即可显示最新版本的软件，包括家庭版（免费）和教育版（收费），当然也包含适合中高职学生使用的 3D One Plus（蓝色图标）。请根据使用者电脑配置选择下载软件。

**步骤 03** 选 择 3D One Cut 图标，即可显示激光切割设计软件，用相同方法下载。

步骤 04 分别点击 3D One 与 3D One Cut 软件，根据安装导航指示进行安装。

步骤 05 分别双击打开 3D One 与 3D One Cut 软件，将已购买的序列号输入即可。也可以在已打开的软件右上角【？】-【许可证管理】中输入账号，并在联网状态下【激活】，没有账号的使用者可以点击【免费试用】，需要注意免费使用时长。

注意：如果需要其他电脑端口使用软件，须在联网状态下点击【许可证管理】-【返还】按钮，再以同样方式进行登录，否则软件账号将自动受限，使用者需联系官方客服才能够取回。

### 2.1.3 3D One、3D One Plus、3D One Cut 软件界面介绍

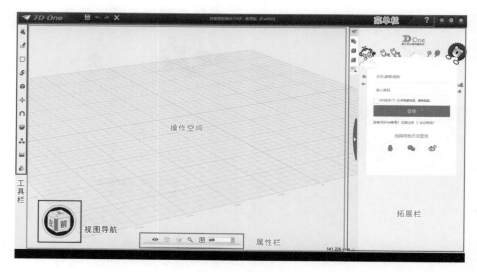

3D One 软件界面

 **3D One 设计软件**

## （1）菜单栏

菜单栏的左侧【3D One】中，包含软件使用工程文件的所有基本设置：

【新建】：新建工程文件。

【打开】：打开 .z1 格式的所有设计文件（.z1 格式只供 3D One 系列软件编辑）。

【导入】：既可以导入图片，也可以导入 .stl 等非 3D One 自身格式文件。

【导入 OBJ】：导入 .OBJ 三维文件（曲面设计软件常用三维模型格式）。

【本地磁盘】：保存当前格式文件为 .z1 格式。

【另存为】：支持同一个工程文件多次更名保存。

【导出】：将当前工程中的模型转换成非 .z1 格式。

【退出】：关闭当前工程文件。

菜单栏的右侧【？】中包含软件隐藏设定：

【边学边用】：辅助教师制作课件时使用。

【许可管理器】：激活 / 返还教育版序列号。

【设置】：自动备份、更新设置等。

【关于】：当前软件使用版本信息。

## （2）工具栏

工具栏包括软件左侧纵向排列的所有命令图标，这是 3D One 设计软件的全部建模工具，可参见第 3～5 章内容。

## （3）拓展栏

拓展栏位于软件右侧，单击三角箭头即可展开和隐藏，这里包含五个拓展模块，分别是【社区管理】【创意模型库】【视觉样式】【电子件管理】【趣味编程】。

【社区管理】：管理注册和登录 i3done 社区。

【创意模型库】：可插入模型库里已有的模型。

【视觉样式】：为模型表面指定贴图纹理。

【电子件管理】：内嵌市面大部分品牌的电子套件。

【趣味编程】：可通过模块化编程创建模型，可参见第 5 章内容。

### （4）操作空间

进行三维建模的工作空间。

### （5）视图导航

视图导航是指软件界面左下角印有上、下、左、右、前、后等信息的立方体，是可帮助设计者观察和界定三维工作平面的小工具。

注意：显卡版本较低的电脑不会显示【视图导航】工具。

### （6）属性栏

位于软件界面正下方的【属性栏】可用于对编辑模型进行【查看视图】【渲染模式】【显示 / 隐藏】【整体缩放】【3D 打印】及【过滤器列表】等操作。其中的【显示 / 隐藏】工具使用频率最高，可对操作空间中正在编辑的模型进行显示与隐藏等操作，非常方便。

 ## 3D One Cut 软件

3D One Cut 软件与 3D One 和 3D One Plus 设计软件界面非常相似，但它们之间使用功能不同，具体使用操作可参见第 6 章渲染和 7 章激光切割部分。

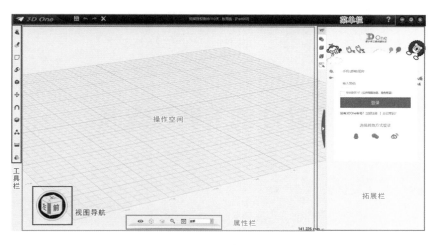

3D One Plus 操作界面

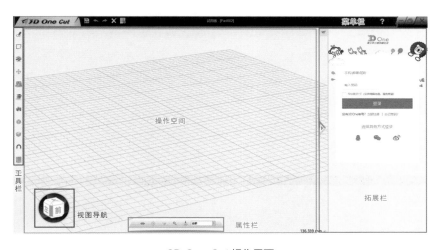

3D One Cut 操作界面

## 2.1.4 3D One、3D One Plus、3D One Cut 软件基本操作

3D One、3D One Plus 和 3D One Cut 三款软件的操作命令基本相同，通过鼠标操作就可以轻松实现物体的选择、空间位移、旋转与缩放等控制。

选择物体：鼠标左键单击表示物体单选，鼠标左键框选表示选择多个物体。

空间位移：鼠标滚轮键 + 长按平移。

空间旋转：鼠标右键 + 左右转动。

空间缩放：鼠标滚轮键 + 前后滚动，以鼠标为原点进行空间缩放。

## 2.2 三维渲染软件的下载与安装

### 2.2.1 KeyShot 软件介绍

KeyShot 软件是一款通过互动性光线追踪和全域光渲染的三维渲染软件，可通过给三维模型表面指定材质和贴图，通过光照的局域反射、折射等算法，模拟出真实光照效果。

设计师们在使用 KeyShot 软件进行三维渲染时非常简单，只需要按照顺序依次为三维模型拖拽材质、贴图，设置环境光照即可。很多专业的工程师会使用 KeyShot 软件来进行工业产品的渲染，以提前预览产品的最终效果。

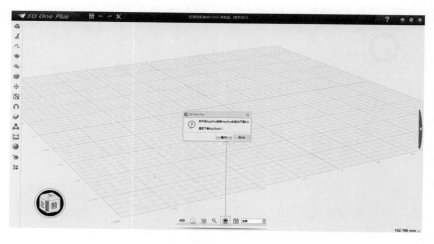

3D One Plus **界面**

## 2.2.2 KeyShot 软件下载与安装

3D One Plus 中已内置 KeyShot 6 软件的部分功能，使用者通过 3D One Plus 可以使用到免费的 KeyShot 6 渲染和动画功能。 具体启动步骤如下。

在进行 KeyShot 软件安装时，计算机中可预先安装 3D One Plus，然后在界面底部点击【KeyShot】按钮启动，首次点击会弹出安装软件弹窗，选择 KeyShot 6 后，

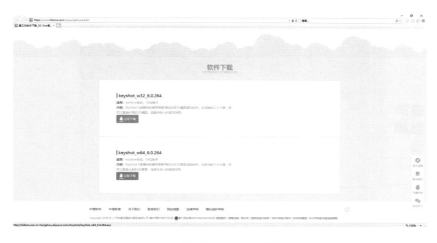

KeyShot 6 软件下载界面

在 3D One Plus 中启动 KeyShot 6

进入下载和安装界面，选择安装路径后片刻即可安装完毕。待再次点击 3D One Plus 内【KeyShot】按钮即可启动三维渲染软件。

### 2.2.3 KeyShot 软件界面介绍

KeyShot 6 界面

KeyShot 软件界面中包含四大部分，顶部（蓝色）为【信息栏】，可依次设置【文件】【编辑】【环境】【照明】【相机】【图像】【渲染】等；顶部第二行（紫色）为【工具栏】，可选择使用基本的渲染小工具；底部（红色）为【属性栏】，将软件中重要的渲染步骤按照模块突出显示；左侧（橙色）和右侧（绿色）分别为【材质】与【场景】，是软件最重要的两个部分，将直接影响作品的最终渲染效果。

### 2.2.4 KeyShot 软件基本操作说明

三维软件的操作方式都很相像，但是因为开发者的使用习惯不同，使用起来会有些许差异，请读者稍加注意。

选择物体：鼠标左键单击表示单选物体，Shift + 鼠标左键框选表示选择多个物体。

空间位移：鼠标滚轮键 + 长按平移。

空间旋转：鼠标左键 + 左右转动。

空间缩放：鼠标滚轮键 + 前后滚动缩放。

## 2.3 三维切片软件的下载与安装

### 2.3.1 三维切片软件介绍

三维切片软件将建模软件中设计出来的模型，转化成分层切片的数据，并将其传输给 3D 打印机进行制造。任何模型想要通过 FDM 方式进行 3D 打印，都必须经历上述过程。对于 3D 打印机而言，分层切片的数据实际上就是设备制造过程中喷头的运动轨迹。

为方便读者，本书选用目前市面上使用较为广泛、国内自主研发的 UP Studio 软件举例说明，其他同类型的切片软件除工具图标与界面略有不同外，使用原理基本相同。

这里同样提供其他品类的三维切片软件名称，方便读者在官网上自行下载，并与自己所使用的 3D 打印机型号进行匹配。常用的三维切片软件还包括 Cura、Slice3r、Simplify3D、MakerBot 等。

### 2.3.2 三维切片软件的下载与安装

**步骤 01** 登录太尔时代官方网址，选择【产品】-【软件】-【UP Studio】进入软件下载界面。

步骤 02 点击【下载】切换至软件选择页面,选择 Windows 稳定版部分,可根据使用者电脑配置选择下载软件。

UP Studio 三维切片软件下载界面

### 2.3.3 UP Studio 软件界面介绍

打开 UP Studio 软件后,单击左边工具栏 ，进入三维切片软件主界面。

UP Studio 软件界面

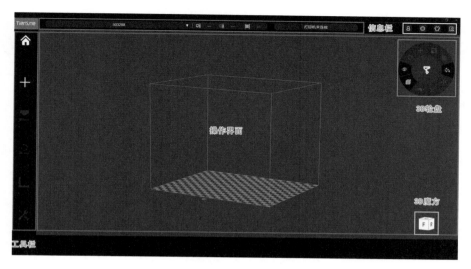

UP Studio 三维切片软件主界面

蓝色选区：信息栏，显示当前 3D 打印机状态。

白色选区：身份信息，注册、登录、设置、皮肤、反馈。

橙色选区：工具栏，包含首页、添加模型、3D 打印、初始化、测量、设置。

绿色选区：3D 轮盘，位移、缩放、旋转、自动摆放、镜像、复制等针对三维模型的操作。

红色选区：3D 视窗，观察和调整三维模型的界面。

黄色选区：3D 魔方，可控制 3D 视窗上、下、左、右、前、后视角。

### 2.3.4 UP Studio 软件基本操作

操作空间旋转

操作空间位移

操作空间缩放

# 2.4 激光切割软件的获取与安装

### 2.4.1 LaserCAD 软件介绍

激光切割机的控制软件被称为"套料软件"。这些软件能够帮助设计师驱动激光切割机运行，提供割缝补偿、微连、扫描切割、焦点控制、光电开关寻边等实用功能，使用时可以自由控制切割的角度、大小、深浅等。

通常"套料软件"会将平面设计软件中的矢量图形转化成激光头的运动轨迹，这样就可以按照图像的轮廓进行雕刻或切割。本书选用目前市面上使用较为广泛的LaserCAD 软件举例说明，其他同类型的切片软件除工具图标与界面略有不同外，使用原理基本相同。

这里同样提供相同类型"套料软件"软件的名称，方便读者在官网上自行下载，并与自己所使用的激光器切割机型号进行匹配。常用的"套料软件"还包括Autodesk 123d Make、Slicer for Fusion 360、FastCAM 等。

扫码获取 Laser CAD
软件安装材料

### 2.4.2 LaserCAD 软件的获取与安装

为方便读者使用，可扫描本书二维码获取 LaserCAD 软件安装材料。本书配套使用软件版本为：LaserCAD V 8.11.12。

双击 Setup 软件安装包，弹出安装菜单，点击【USB 驱动安装】和【安装】，选择安装路径后【确定】即可。

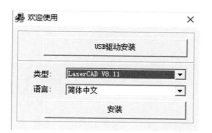
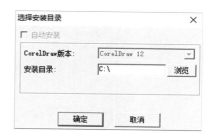

## 2.4.3 LaserCAD 软件界面介绍

双击 LaserCAD 软件图片，打开软件。LaserCAD 软件操作界面介绍如下。

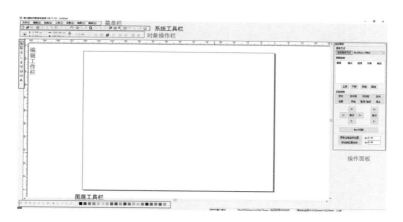

LaserCAD 软件操作界面

【菜单栏】：包括【文件】【编辑】【绘制】【工具】【设置】【视图】和【帮助】，几乎所有关于软件设置、编辑和制作的部分都囊括其中。

【系统工具栏】：包括重要的系统工具，如【导入】【导出】【平移】【模拟加工输出】等。

【对象工具栏】：包括绘制【位置坐标的基准】【图层】等编辑工具。

【编辑工具栏】：包括常用的绘图工具，如【直线】【多点线】等。

【图层工具栏】：包括不同图层的编辑，可用带颜色的标签进行管理。

【操作面板】：可对激光切割机的连接方式、图层参数的管理以及设备进行调节与控制。

part
2

三维建模
核心功能

# 实体建模

##  实体建模思路

　　不论设计者所使用的实体建模软件属于哪个品牌或是哪个版本，几乎所有三维建模的方法都是固定的，不外乎通过基本几何图形的拼搭，结合布尔运算中不同几何体的增减与合并来完成最终设计，或者绘制模型截面图，通过拉伸、旋转、扫掠、放样等命令，将 2D 模型转换成为 3D 模型。

　　从技术角度来看，想要完成实体建模的工作，就要求设计者既要拥有良好的三维空间感知能力，能够很好地通过三维坐标定位空间模型，为之后的模型制作与修改提供必要的认知条件，同时也要能够较为熟练地使用实体建模软件，拥有运用多种建模命令完成复杂作品的能力。以上能力完全可以通过后期不断训练加以获取。

##  核心功能模块的组成

　　3D One 设计软件作为入门建模软件，极度简化了三维建模的全部命令，为方便设计者们学习与应用，我们对其【工具栏】中的诸多命令进行拆解与分类。

　　依据日常三维建模的工具进行分类，可将 3D One 设计软件左侧【工具栏】中所有命令分为五个类别，即"基本几何体""2D 转 3D 工具""优化模型工具""特殊工具"和"其他工具"。

注意：本书所采用的建模命令分类方式并非严格按照 3D One 设计软件中的工具命名进行的，而是通过建模功能的特征重新进行划分，建议读者在阅读与实操中以功能使用为主，忽略具体软件中的命名，有助于在使用相同软件时，能够更容易转换思路。

另外，对于创客教育工作者来讲，可以通过软件的核心功能模块来进行日常课程的设置，有助于学生对设计技能与建模命令的理解与掌握。

## 3.3 基本几何体的创建、改变属性与布尔运算

### 1 基本几何体的创建

所谓"基本几何体"工具，就是常见的基本几何图形，可通过左侧【工具栏】中第一个图标 【基本实体】进行选择，点击操作空间中网格来确定几何体摆放位置，使用参数或拉拽箭头控制模型大小与形状，点击相应几何体属性面板中绿色对勾进行确认。这样就可以完成基本几何体的创建了。

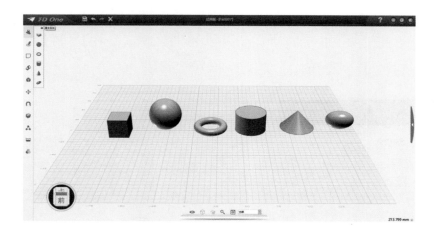

## 2 基本几何体改变属性

当想对创建出来的物体进行位移和旋转操作时，就会涉及控制坐标这个概念。说它简单，那是因为只是对物体进行物理属性上的变化，操作起来没有那么麻烦，但是大量的实战经验告诉我们，想要在三维空间中给物体进行定位，特别在是曲面的物体上安放新物体，会比较困难，必须控制物体的 6 个空间自由度（即上下、左右和前后）才能实现。

初学者可以使用鼠标的左键在工作空间对物体进行拖拽，从而实现物体的位移。这确实是一种简便、快捷的方法，但是物体纵向的位移和不同方向的旋转又如何实现呢？这就需要【基本编辑】中的【移动】工具了。选择参数面板中的【动态移动】工具，即可通过拖拽箭头（或外环）和控制数值两种方法，对物体的自由度进行调整。

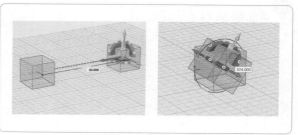

如果想要对物体的大小进行控制，可以使用【基本编辑】中的【缩放】工具，在其参数面板中通过数值进行调节，也可以拖拽物体旁的箭头。在【方法】中选择【均匀】或【非均匀】，对物体的 X、Y 和 Z 轴分别进行调整。

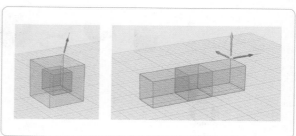

# ３ 布尔运算

仅凭常用几何体命令来创建相对复杂的作品几乎是不可能的，这就需要利用不同几何体外形的特点，通过将不同几何图形进行组合与拆分的方式，运用布尔运算的并集或交集的算法，构造出更加多样的立体模型。

以下给出"布尔运算"操作的具体步骤，供大家学习。

**步骤 01** 在操作空间的网格上创建第一个标准【六面体】。

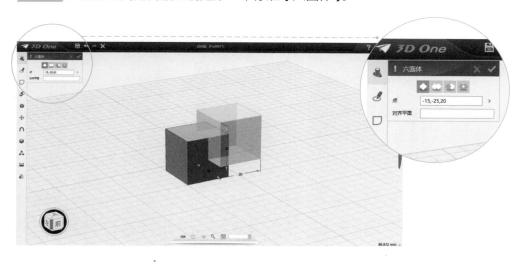

**步骤 02** 再创建第二个标准【六面体】，要与第一个【六面体】有重叠部分。

**步骤 03** 对软件界面左上角几何体参数面板中的 4 种模式进行切换，可以观察模型的变化。

**步骤 04** 选择最终需要的模式，点击参数面板中的绿色对勾即可。

基体 ●━━━━━━

　　同时保留两种基本几何体，后续可对不同几何体进行位移、旋转等操作

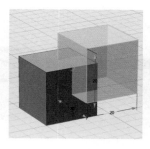

基体模式

━━━━━━● 加运算

　　相当于将两个几何体进行合并

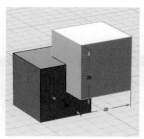

加运算模式

减运算 ●━━━━━━

　　第二次创建的几何体将第一次创建的几何体进行删减，注意创建的先后顺序

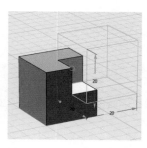

减运算模式

━━━━━━● 交运算

　　相当于取两个几何体的交集部分

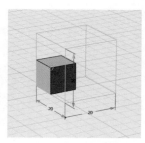

交运算模式

　　注意：确定后的模型很难再通过改变参数来对模型进行优化，只能不断进行"布尔运算"对其修改，这也是实体建模软件的一大特色，而对于有历史记录功能的专业 CAD 软件来说，这种问题是不会存在的，可以通过历史倒退功能进行模型修改，最终的结果也会随之变化。

　　以上只在创建第二个几何体时进行"布尔运算"才起作用。如果想对已经建好的几何体实施的话，则需要用到【组合编辑】这个命令。此命令位于软件界面【工具栏】中间偏下的位置。点击命令后所呈现的参数面板与之前的方式一样，操作方式相同，需要注意【基体】与【合并体】要分别选择相应实体模型才可以执行。

**模型设计练习参考**

当初学者一旦掌握了基本几何体的创建和布尔运算这两种技能，就可以天马行空地创建各种简单的造型，虽然并不精准，却也足够有能力呈现一个精彩的世界。以下给出相关技能所创建的作品样式供大家参考练习。

> **练一练**
>
> ① 生活用品类：小色子、简易笔筒。
> ② 卡通形象设计类：小雪人、火柴人、云朵、简易房子、小动物等。
> ③ 美味食品类：冰糖葫芦。

## 3.4 2D 转 3D 工具

可以确定，2D 转 3D 工具是 3D One 设计软件最基础也是最核心的建模工具，绝大多数三维模型的原型设计均出自对这组建模命令的使用。为了能够更清晰地描述这个命令组，可将其分成 2D 绘制的"草图绘制与修改"和 3D 立体成形的"平面转立体"两个模块。

 **"草图绘制与修改"**

"草图绘制与修改"模块工具在 3D One 设计软件界面【工具栏】中位列第二和第三的位置，前者是利用三维空间中所界定的平面来绘制二维图形，后者则是对已有二维图形进行修改与优化。

**①【草图绘制】**
点击软件界面【工具栏】中的【草图绘制】，即可发现 10 个命令图标，可就其使

用功能分成 4 个部分，分别是"封闭图形"【矩形】【圆形】【椭圆形】【正多边形】；"直线与曲线"【直线】【圆弧】【多段线】【通过点绘制曲线】；"文字文本"【预设文字】；"界面参考"【参考几何体】。

　　绘制"封闭图形"和"直线与曲线"时，选择命令后直接在工作空间网格上点击即可，可以通过拖拽箭头和控制数字来规定绘制图形的尺寸，点击面板中绿色对勾确认绘制的线段，这时仍可以拖拽进行修改，但是不能精确数字，一旦点击蓝色对勾，草图绘制随即确认。

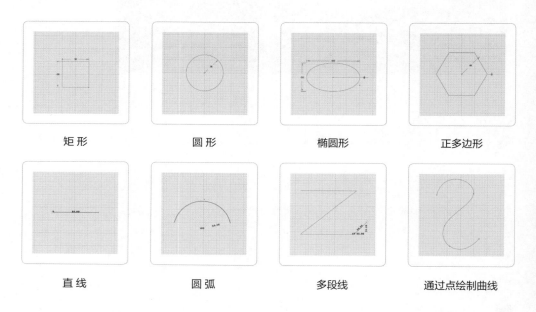

| 矩　形 | 圆　形 | 椭圆形 | 正多边形 |

| 直　线 | 圆　弧 | 多段线 | 通过点绘制曲线 |

　　使用"文字文本"命令时，可在参数面板中预设文字属性，以确定所撰写的文字能够符合设计要求。

　　【原点】：可控制书写文字字符在空间平面网格上的具体位置。

　　【文字】：可在其内部拼写文字字符。

　　【字体】：可对输入文字字体进行修改，如需 3D 打印，建议中文字体选择"黑体"与"微软雅黑"，英文字体选择"Arial"并加粗，因为字符笔画较粗，同比例缩放后，桌面型 3D 打印机才能够制造，否则因笔画过细，无法完成实体制作。

　　【样式】：可控制字体笔画粗细。

　　【大小】：可用网格文字旁的尺寸数据与拖拽箭头两种方式同时控制文字大小。

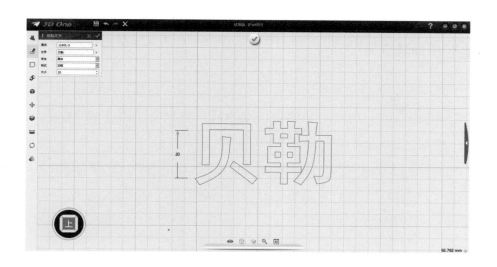

②【草图编辑】

【草图编辑】是对【草图绘制】中绘制的 2D 图形进行修改与优化工作，通常两组命令会相继使用，由于都是对平面图形进行的绘制，可以将它们归属一类命令。

点击软件界面【工具栏】中的【草图绘制】，即可发现 5 个命令图标，可将其分为 2 类，其中【链状圆角】【链状倒角】是封闭平面图形转角优化命令，而【单击修剪】【修剪 / 延长曲线】和【偏移曲线】则是平面曲线修改命令。

在使用【修剪 / 延长曲线】命令时请注意，其属性面板中的【曲线】表示需要选择修改的线段，【终点】可选择工作空间网格上的任意一点，若所选取的点与之前绘制的线段在一条延长线上，则此线段沿之前线段添加出一段新的部分，若不在上一条线段延长线上，则删除之前线段的一部分。

链状圆角

链状倒角

单击修剪

偏移曲线

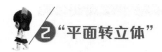

## "平面转立体"

"平面转立体"模块工具在 3D One 设计软件界面【工具栏】中主要集中在第四个【特征造型】图标命令中，包括【拉伸】【旋转】【扫掠】与【放样】四个命令。可以非常肯定地讲，这四个命令是 2D 转 3D 最核心的部分。

【拉伸】与【旋转】命令是通过 2D 图形作为立体模型的截面图，对其进行垂直方向的拉伸，或依据正方形一条边为轴进行旋转成体的过程。因此，请提前绘制截面图，这里以六面体为例进行演示。

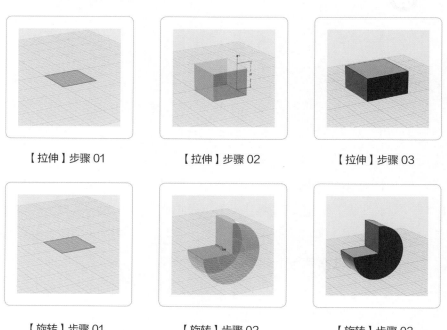

| 【拉伸】步骤 01 | 【拉伸】步骤 02 | 【拉伸】步骤 03 |
| :---: | :---: | :---: |
| 【旋转】步骤 01 | 【旋转】步骤 02 | 【旋转】步骤 03 |

这里插入一个【DE 移动】命令的讲解，原因是在使用这个命令时，相当于对实体模型选定面做【拉伸】+"布尔加运算"，可以快速对已建好的实体模型进行拓展或收缩，使用起来比较方便。

【DE 移动】命令位于【工具栏】-【基本编辑】中，使用此命令时，只要选中已建好的实体模型某一平面，沿箭头进行拖拽（环体旋转）即可实现相应效果。

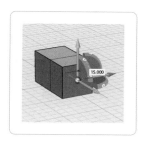
拓展实体

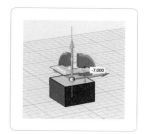
压缩实体

旋转实体

如果把【拉伸】和【旋转】定义为"平面与体"的关系，那么【扫掠】工具则体现的是"面与线段"的关系，【放样】则体现的是"面与面"的关系。

具体来说，在使用【扫掠】命令的时候，先使用【草图绘制】工具绘制一条曲线，点击蓝色对勾确认后，再画另一个平面，所绘制的截面最好与曲线垂直，然后便可使用【扫掠】命令，在其参数面板【坐标】中选择一个最适合的模式，使平面贯穿曲线形成立体图形。

【扫掠】步骤 01

【扫掠】步骤 02

【扫掠】步骤 03

使用【放样】命令的前提是优先在两个"图层"中绘制不同轮廓的平面图形，平面之间要预留空间，之后则可使用【放样】命令，让不同的平面相连接。注意选择不同平面的方向要保持一致，否则会出现面交叉。

所谓"图层"，即每绘制完一次【草图绘制】就点击蓝色对勾进行确认，这样就可以在不同层级上调节平面图形的位移和旋转等物理属性。当然，【放样】命令也可以在多个空间平面之间使用，会创造出非常酷炫的造型。

【放样】步骤 01

【放样】步骤 02

【放样】步骤 03

❸ 模型设计练习参考

当你能够熟练掌握"草图绘制与修改"和"平面转立体"这两个模块的时候,恭喜你,已经可以完成很多 3D 实体模型的设计工作了。以下给出作品参考,方便大家加以练习。

练一练

① 机甲武器类:长矛、盾牌各种冷兵器和玩具手枪、大炮、坦克等热兵器。
② 交通工具类:卡车、吉普车、挖土车等各类车辆。
③ 建筑类:教学楼、桥梁、公园、凉亭等。
④ 生活器具类:台灯、文具盒、电脑桌椅、茶具套装等。
⑤ 机械类:小机器人、齿轮、机械手臂等各种零件。

## 3.5 优化模型工具

所谓"优化模型工具"模块,可以理解为对已经创建好的三维实体模型进行下一步修改与优化,甚至可同时构建多个相同模型。这类工具主要分布在软件界面【工具栏】的【特征造型】和【基本编辑】之中,包括【倒角】【圆角】【拔模】【由指定点开始变形实体】【阵列】【镜像】,以及【特殊功能】里的【锥销】。

# 1 【倒角】和【圆角】

真实世界中，我们所接触和使用到的所有产品，其边缘很少具有锋利的边缘和锋利的尖角，都或多或少经过圆滑过渡处理。这里所说的"过渡处理"，在三维设计中都是通过【倒角】和【圆角】命令得以实现的。

【倒角】是在一个或多个平面进行"切面过渡"，可模拟刚体结构物体的过渡面。使用方式：【工具栏】-【倒角】- 选择模型边缘（可多选）- 调节数值。

【圆角】是在一个或多个平面进行"圆滑过渡"，大多数的产品均存在圆角过渡。使用方式：【工具栏】-【圆角】- 选择模型边缘（可多选）- 调节数值。

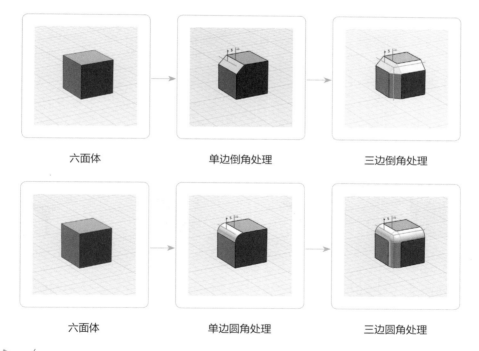

| 六面体 | 单边倒角处理 | 三边倒角处理 |

| 六面体 | 单边圆角处理 | 三边圆角处理 |

# 2 【拔模】与【锥销】

这两个命令都是对物体边缘的调节，【拔模】命令是对创建好的实体模型竖面进行坡度调整，方便模具与翻模材料的无损分离，适合相对简单的模型，相当于对物体面的处理，只改变相邻面的角度。【锥销】命令则是对体的处理，更适用于复杂模型。

### ①【拔模】命令

【拔模体】：选择实体模型基准面。

【角度】：以基准面为基础，模型竖面倾斜角度。

【方向】：可选择模型竖面的倾斜方向。

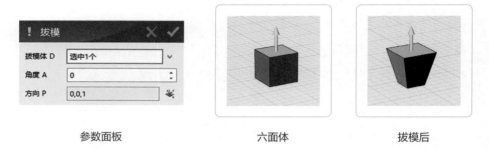

参数面板　　　　　　　六面体　　　　　　　拔模后

### ②【锥销】命令

【锥销】命令是一种快速有效改变实体模型轮廓与结构的工具，可将模型分成细长和粗放对接的形态，为某些特殊模型提供创作空间。

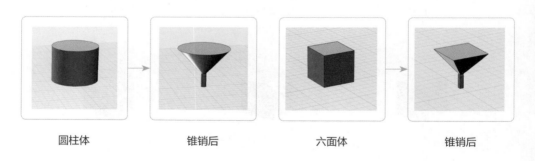

圆柱体　　　　　锥销后　　　　　六面体　　　　　锥销后

## 3【由指定点开始变形实体】

通过识别并移动实体模型表面某点位置来创建新的造型，可执行【工具栏】–【特征造型】–【由指定点开始变形实体】命令。

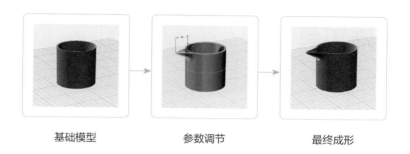

| 基础模型 | 参数调节 | 最终成形 |
|---|---|---|

## ④【阵列】与【镜像】

想要在设计环节复制多个相同模型，可使用【阵列】和【镜像】工具，这两个工具使用频率非常高，算得上是"复制"与"粘贴"的升级版。

【阵列】命令不仅可以对物体进行两个方向的平行阵列（【矩形阵列】），同样也可沿着某一物体做【环形阵列】，或沿某一特定路线做【在曲线上阵列】。

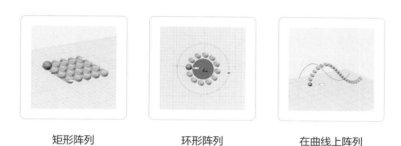

| 矩形阵列 | 环形阵列 | 在曲线上阵列 |
|---|---|---|

【镜像】命令不仅可以对实体模型进行对称镜像，也可以在【草图绘制】阶段对线段和图形进行对称。

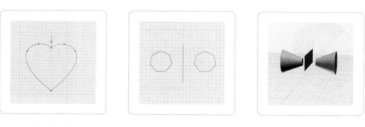

| 草图镜像 | 封闭图形镜像 | 实体模型镜像 |
|---|---|---|

# 3.6 特殊工具

想要在 3D One 设计软件中实现更多特殊功能，可以使用软件界面【工具栏】中的【特殊功能】里的设计工具，大体可以分成四个类型。

第一类：根据图片改变实体模型的表面轮廓，如【浮雕】。

第二类：通过变形基本实体轮廓，彻底改变模型造型，如【抽壳】【扭曲】【圆环弯折】【实体分割】和【圆柱弯折】。

第三类：将某一实体轮廓投影至另一实体模型表面，如【投影曲线】和【镶嵌曲线】。

第四类：导入电子件模型并进行编辑，如【插入电子件】【删除电子件】和【编辑参数化模型】。

## 第一类

### 【浮雕】

【浮雕】命令可以模拟有趣的浮雕造型，只要将 2D 格式的图片导入程序，选择【工具栏】-【特殊功能】-【浮雕】，在参数面板相应位置填入数值，即可完成。

彩色底图

阴刻浮雕

3D 打印阴刻浮雕

灰度色阶

步骤 01 导入底图　➡

阳刻浮雕

步骤 02 调节参数　➡

3D 打印阳刻浮雕

步骤 03 3D 打印

3D 打印浮雕案例示意图

【文件名】：导入图片的相关信息。

【面】：指定图片附着面。

【最大偏移】：浮雕凹凸值，正数代表"阳刻"，负数代表"阴刻"。

【宽度】：调节图片的大小。

【原点】：可调节图片初始附着点位置。

【旋转】：可调节图片的旋转程度。

【分辨率】：浮雕呈现的精度效果，数值越小，电脑运算时长越长，效果越精细（建议不要低于0.01，否则软件容易因运算量过大而闪退）。

注意：并不是所有图片使用【浮雕】功能都会产生好的效果，实际上图片的灰度色阶控制着浮雕平面的凹凸值。【浮雕】作品的好坏主要跟图片分辨率、图片中前景与背景是否容易区分、线条轮廓是否清晰等有直接关系。尽量减少使用美化后的图片，提高软件对于图片的识别度。

手绘好的设计者可以自行绘制，美术功底相对较弱的设计者也可以尝试使用"脸萌"或"QQ 头像"这样的应用程序辅助制作底图。

## 第二类

实体模型体积优化命令按照功能分类，可分成三个小类：一种是对实体模型挖空，如【抽壳】；一种是对实体模型轮廓的整体扭曲，如【扭曲】【圆环折弯】【圆柱折弯】；还有一种是对实体模型进行分割处理，如【实体分割】。

### ①【抽壳】

【抽壳】命令是对"布尔减运算"功能的一种延续，可以让一个实体模型变成壳体状态，方便设计者快速实现对设计作品的"去芯"效果，实现如灯罩、包装盒等作品的结构设计。

执行依照【工具栏】-【特殊功能】-【抽壳】- 修改参数，选择开放面并调整壁厚数值即可，当然如果只调整壁厚而不选择具体开放面，实体模型将呈现出"空心"效果。【厚度】为正数时，物体壁厚向外扩张，为负数时，物体壁厚向内收缩。

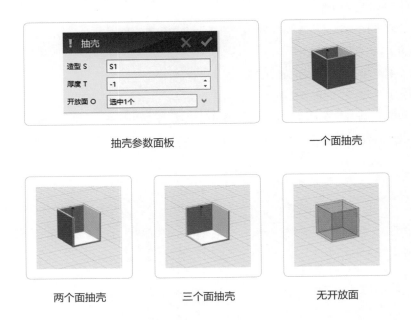

抽壳参数面板　　　　　　　　　　　　　　一个面抽壳

两个面抽壳　　　　　　　　三个面抽壳　　　　　　　无开放面

### ②【扭曲】【圆环折弯】和【圆柱折弯】

【扭曲】命令可以使实体模型按照一定角度进行扭曲，通过确定参数面板中的【基准面】来固定旋转的起始面，通过调整【扭曲角度】来确定旋转度数。

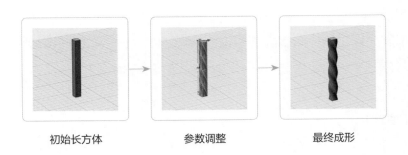

初始长方体　　　　　　　　参数调整　　　　　　　　最终成形

【圆环折弯】与【圆柱折弯】这两个命令呈现效果比较相近，都是实体模型沿着圆环或圆柱曲面进行折弯，将其改造成环状实体的效果。

参数面板　　　　　参数调整　　　　　最终成形

③【实体分割】

如果想要对实体模型进行切分，就要用到【实体分割】命令。首先要在所要切分模型的位置绘制截面区域，以绘制的二维草图做"刀片"，选择【工具栏】-【特殊功能】-【实体分割】命令对实体进行切分，参数面板中的【基体】即所要切割的实体模型，【分割】即所绘制的二维草图。

初始模型　　　　　实体分割　　　　　最终成形

 第三类

通常【投影曲线】和【镶嵌曲线】会联合使用，前者将二维草图投射至实体曲面

模型表面，后者将投影在实体表面的曲线或曲面拉伸成体。这样做的最大好处是如此拉伸的效果比直接用【拉伸】工具能更好地贴合原实体模型表面。

初始位置

投影曲线

镶嵌曲线

最终成形

对比双向拉伸草图

对比拉伸成形效果

④ 第四类

3D One 设计软件中内置很多市面上较为流行的教育品牌的电子元器件，如柴火、DF、童心制物等，设计者可以较为方便地将其电子件外壳模型快速导入工作空间使用，极大地减少设计者对已有电子件模型的设计，免去了很多模型间公差的考量。

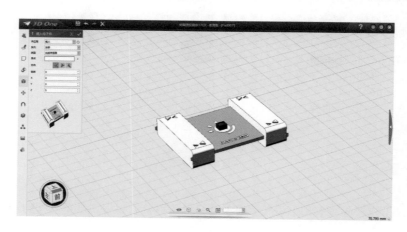

# 3.7 其他工具

　　除实体建模与优化工具以外，所有方便设计者进行三维设计观察、测量和修复等命令，我们统一将其归纳在"其他工具"这个模块里。包括【工具栏】中的【自动吸附】【组】和【测量】，以及【基本编辑】中的【对齐移动】【对齐实体】【补孔】和【分离块】。

 **1 【自动吸附】【对齐移动】和【对齐实体】**

　　这三个命令使用起来功能相近，因此放在一起来讲解。

**①【自动吸附】**

　　【自动吸附】命令可将不同模型快速对齐，这可比在三维空间中靠拖拽移动箭头和输入数值方便得多，但是需要注意的是对于表面为曲面的模型就不太适用。

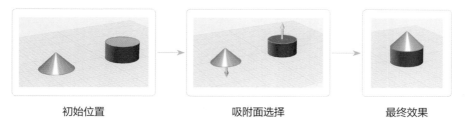

初始位置　　　　　　　　吸附面选择　　　　　　　　最终效果

**②【对齐移动】**

　　【对齐移动】比【自动吸附】更能控制不同物体在对齐移动过程中的效果，通过对不同模式的调节，较为准确地把模型的一个平面与另一个模型的平面对齐，所包含的对齐模式有【重合】【相切】【同心】【平行】【垂直】【角度】。

初始位置　　　　　　　　"对齐"移动　　　　　　　　最终效果

### ③【对齐实体】

【对齐实体】命令同样也比【自动吸附】更能控制不同物体的对齐效果，可以迅速将不同模型的六个自由度（空间位置）对齐。

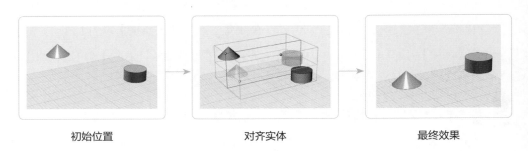

初始位置　　　　　　　　　对齐实体　　　　　　　　　最终效果

在制作多个模型零件时，经常需要对所有模型或几个模型进行整体移动、旋转或缩放，为方便起见，可使用【组】命令，将所需要的模型打包成一体再进行操作。当然也可以通过【炸开组】来拆解模型。

【测量】工具可以对已经建成的实体模型进行点到点、几何体到点、几何体到几何体以及平面到点的距离测量，默认单位为毫米（mm）。

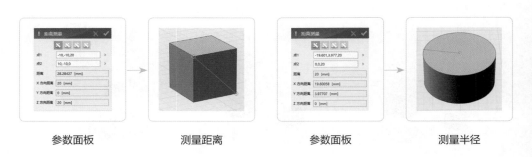

参数面板　　　　　　测量距离　　　　　　参数面板　　　　　　测量半径

# 3.8 实例教学

难度指数 ★

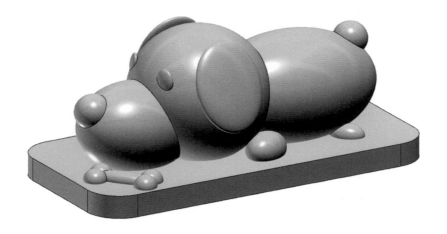

扫码看视频讲解

3D 打印成品

通过卡通动物形象的设计，初步了解三维设计软件的建模过程，提高设计趣味性的同时，利用基本几何图形变化与组合，改变标准模型轮廓，再结合"布尔运算"创造不规则几何图形，完成最终作品。

制作过程

## ◤ 创建小狗基本轮廓

### ● 创建小狗头部

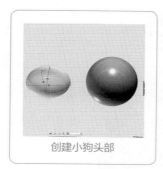

创建小狗头部

**1** 使用【基本实体】-【球体】工具，创建半径为 30mm 的球体作为头部基础模型。

**2** 使用【基本实体】-【椭球体】工具，修改数值为 40mm × 40mm × 52mm，向上旋转 5°，【基本编辑】-【对齐实体】-【对齐实体到基实体】，对齐两个部分，创建小狗嘴部。

### ● 创建小狗身体和尾巴

创建小狗鼻头

创建小狗身体

**3** 使用【基本实体】-【球体】工具，创建半径 8mm 的球体，并将其【移动】至小狗嘴部前端作为鼻头。

**4** 使用【基本实体】-【椭球体】，修改数值为 50mm × 50mm × 78mm，创建小狗身体轮廓，使用【对齐实体】+【移动】命令，完成小狗"头部"与"身体"的衔接。使用【基本实体】-【球体】，创建半径 7.5mm 的球体作为小狗尾巴。

● 创建小狗耳朵

创建小狗耳朵

**5** 使用【基本实体】-【椭球体】，修改数值为 8mm×40mm×30mm，【旋转】22.5°，单击小狗耳朵-【镜像】，将耳朵左右对称。

● 创建小狗眼睛

添加小狗眼睛

**6** 使用【基本实体】-【椭球体】，修改数值为 8mm×10mm×3mm，【移动】至脸部，单击眼睛-【镜像】，将其左右对称，使用【组合编辑】，合并全部模型。

## 创建四肢、底座和骨头

● 创建小狗四肢

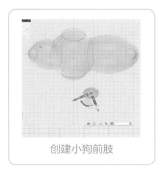

创建小狗前肢

**1** 使用【基本实体】-【椭球体】，修改数值为 15mm×15mm×20mm，【移动】-旋转22.5°。

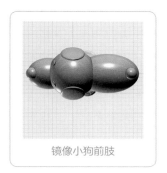

镜像小狗前肢

**2** 使用【对齐实体】+【移动】命令，完成小狗"身体"与"前爪"的衔接，使用【镜像】命令，将"前爪"与"身体"对称。同上，使用【基本实体】-【椭球体】，修改数值为 10mm×10mm×15mm，作为后爪。

● 创建底座

新建六面体

**3** 使用【基本实体】-【六面体】，修改数值为 75mm×155mm×10mm，使用【对齐实体】+【移动】命令，对齐"身体"。

● 创建"骨头"造型

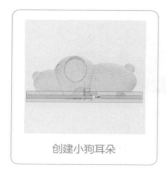

创建小狗耳朵

模拟骨头顶部

创建棒骨

4 使用【基本实体】-【球体】，半径 5mm。

5【阵列】双向复制 3个,【基本实体】-【椭球体】，修改数值为 8mm×8mm×27mm。

6 使用【组合编辑】-【加运算】，合并全部实体模型，完成制作。

　　"萌犬小Q"作品主要使用【球体】【椭球体】【六面体】等基本几何体完成角色轮廓的搭建，使用【组合编辑】中【加运算】工具完成模型的合并。

　　只要创作者发挥足够的想象空间，完全可以通过这种类似"拼搭积木"的方式，制作大量简易趣味模型。

难度指数 ★★

扫码看视频讲解

3D 打印成品

　　从结构上划分，"农家稻米车"作品总共分 5 个装配零件，均由参数定义草图绘制而成。通过【拉伸】等建模工具，将平面图转化成三维实体模型。

　　在设计过程中，需要使用"布尔运算""公差预留"等基本作图方法，对三维实体模型进行打孔，确保不同零件可以装配。

### 创建底座和支架

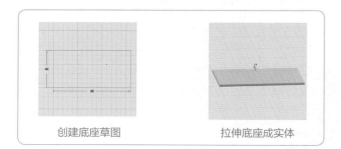

创建底座草图　　　　拉伸底座成实体

**1** 使用【草图绘制】-【矩形】-【拉伸】创建稻米车底座，长、宽、高为 80mm × 40mm × 2mm。

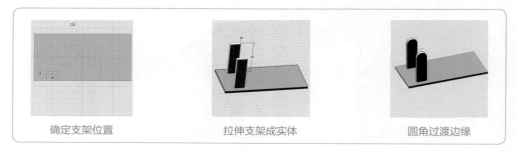

确定支架位置　　　拉伸支架成实体　　　圆角过渡边缘

**2** 再使用【基本编辑】-【镜像】-【拉伸】确定支架位置，高度为 33mm，用【圆角】半径 5mm 过渡。

柱形打孔

**3** 使用【基本编辑】-【圆柱体】至支架侧面圆角中心点，半径为 2.5mm，使用"布尔减运算"将其打孔。

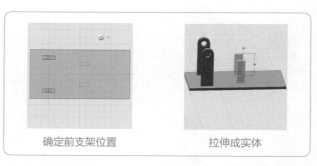

确定前支架位置　　　拉伸成实体

**4** 同理，制作前支架，长宽为 7mm × 3mm，【拉伸】高度为 20mm，与底座合并成一个整体。

柱形打孔

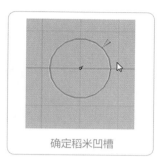

确定稻米凹槽

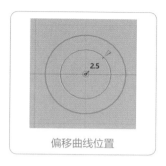

偏移曲线位置

5 【基本编辑】-【圆角】,圆滑支架顶部,【圆角】半径为 3.5mm,使用【基本编辑】-【圆柱体】至支架侧面圆角中心点,半径为 2mm,进行打孔。

6 使用【草图绘制】-【圆形】,半径为 4mm。

7 绘制半径为 2.5mm 的同心圆。

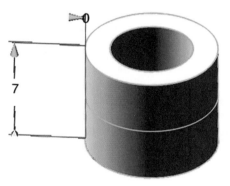

8 【拉伸】高度为 7mm。

拉伸成实体

创建齿轮

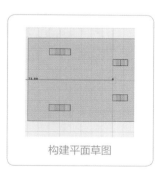

构建平面草图

构建实体平面

1 使用【草图绘制】-【直线】,于底座表面两支柱中间绘制草图。

2 【拉伸】成面,构建中心平面,方便齿轮的绘制。

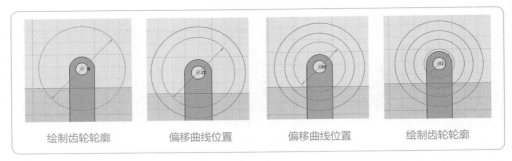

| 绘制齿轮轮廓 | 偏移曲线位置 | 偏移曲线位置 | 绘制齿轮轮廓 |

**3** 使用【草图绘制】-【圆形】绘制同心圆，半径分别为 35mm、27mm、20mm、12mm。

构建对称线

偏移两侧直线

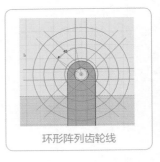

环形阵列齿轮线

**4**【草图绘制】-【直线】，绘制齿轮突起中心线。

**5** 使用【草图编辑】-【偏移曲线】，修改为 2mm，勾选【在两个方向偏移】，偏移至两侧后，删除中心线。

**6** 圆形阵列于同心圆。

删除多余线段

绘制中轴曲线

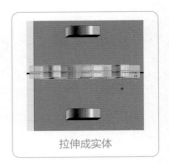

拉伸成实体

**7** 删除多余线段。

**8** 绘制中心打孔圆。

**9**【拉伸】成实体齿轮。

## 创建传动杆

绘制内圆形

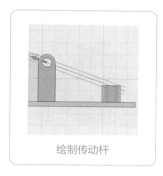

绘制传动杆

删除多余线段

1 使用【草图绘制】-【圆形】绘制同心圆，半径为4.1m，大圆半径7mm，并通过【拉伸】形成环体，厚度为2mm。

2 使用【草图绘制】-【直线】，绘制直线，并用【偏移曲线】，偏移距离为1.5mm。

3 删除中心线，用【直线】封闭成矩形，修剪圆形与矩形的交叉线。

拉伸成实体

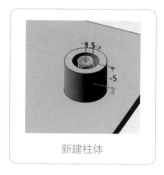

新建柱体

与传动杆合并

4 【拉伸】矩形，形成传动杆，厚度为2mm。

5 选择下方【显示/隐藏】-【隐藏集合体】，隐藏传动杆，创建【圆柱体】，半径为1.5mm，高度为5mm。

6 使用【组合编辑】-【加运算】，合并转动杆两部分后，点击【显示全部】。

制作转轴

绘制后轴草图

拉伸成实体

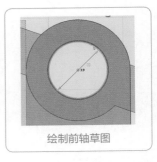

绘制前轴草图

**1** 使用【草图绘制】-【圆形】绘制同心圆，直径为 4.9mm。

**2** 【拉伸】时选择【对称】模式，完成实体造型，厚度为 17mm，完成后轴制作。

**3** 同理，完成前轴制作，直径为 3.9mm。

拉伸成实体

完成最终作品

**4** 【拉伸】厚度为 11mm。

**5** 删除不用的基准线，完成最终作品。

作品小结

　　"农家稻米车"属于较为典型的装配组装作品，需要通过绘制 2D 截面再转换成 3D 实体模型，因此就要考虑不同零件装配时所产生的"公差"，否则 3D 打印出的成品无法安装到一起。

难度指数 ★ ★ ★

扫码看视频讲解

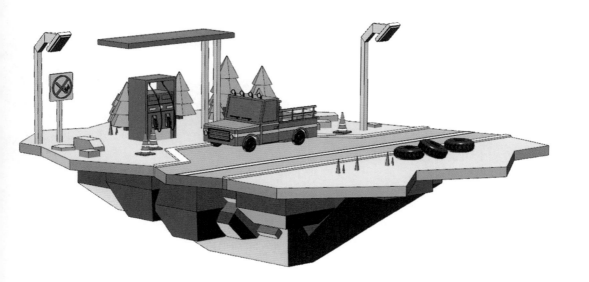

作品
分析

　　设计主题场景式的作品，一方面可以使创作者在设计中体验到三维建模的乐趣，另一方面可对本章【实体建模】模块进行综合复习。 通过【草图绘制】【拉伸】等建模工具，完成卡通风格的作品设计，并使用【颜色】功能，为实体模型着色，使最终作品呈现出最佳效果，整个过程本身就对设计师们充满着挑战。

制作过程

### 创建地面

草图绘制区域

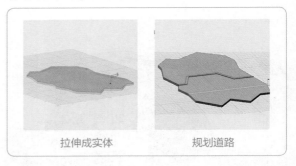

拉伸成实体　　　　规划道路

**1** 使用【草图绘制】-【多段线】，绘制地面轮廓，向上【拉伸】3mm 成实体。

**2**【草图绘制】-【直线】，绘制道路规划线，并【拉伸】成实体区域。

### 创作禁烟指示牌

**1** 使用【基本实体】-【六面体】，创建立杆。

创建标识牌　　　　完成标识牌构架

**2** 使用【六面体】，创建标识牌，尺寸为 8mm × 8mm × 0.5mm。

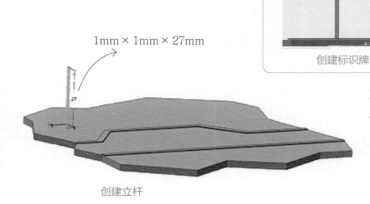

1mm × 1mm × 27mm

创建立杆

绘制标识区域　　　　　绘制禁止标识　　　　　拉伸成实体

**3** 使用【草图绘制】-【直线】绘制禁止标识,【拉伸】厚度为 0.3mm。

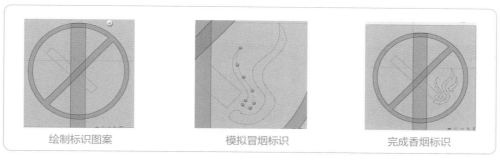

绘制标识图案　　　　　模拟冒烟标识　　　　　完成香烟标识

**4**【草图绘制】-【直线】绘制香烟轮廓,【通过点绘制曲线】模拟烟火形状,【拉伸】厚度为 0.2mm。

## ◢ 地面加油站

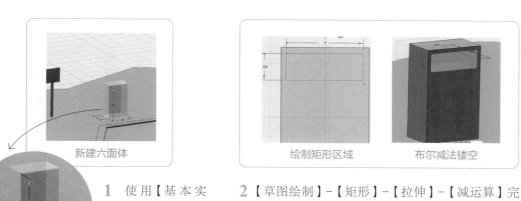

新建六面体

**1** 使用【基本实体】-【六面体】创建加油站油箱轮廓。

绘制矩形区域　　　　　布尔减法镂空

**2**【草图绘制】-【矩形】-【拉伸】-【减运算】完成油箱镂空轮廓结构。

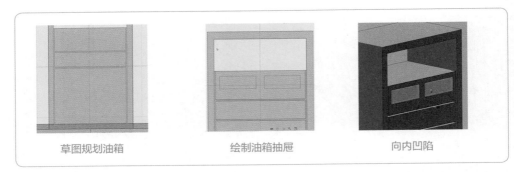

草图规划油箱　　　　　　　绘制油箱抽屉　　　　　　　向内凹陷

**3** 同理，多次使用【草图绘制】-【矩形】绘制四边形，【草图编辑】-【单击修剪】清除掉多余线段，【拉伸】-【减运算】完成镂空结构。

模拟指示灯

绘制油箱细节

绘制底部翻斗

**4** 使用【基本实体】-【椭球体】，尺寸为 1mm×1mm×0.5mm，模拟油箱指示灯。

**5** 使用【草图绘制】-绘制 2 个【矩形】-【拉伸】，厚度为 0.1mm。

**6** 使用【基本实体】-【六面体】，尺寸为 2.5mm×5mm×0.1mm，绘制油箱底部翻斗。

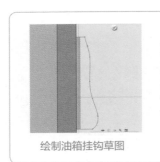

绘制油箱挂钩草图　　　　　　拉伸成实体

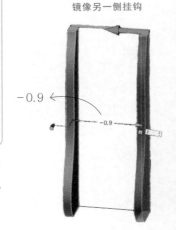

镜像另一侧挂钩

**7** 于喷枪挂钩区域创建【六面体】，尺寸为 2.5mm×1mm×0.1mm 用布尔减法挖洞，使用【通过点绘制曲线】绘制挂钩，【拉伸】0.1mm，并【镜像】另一侧。

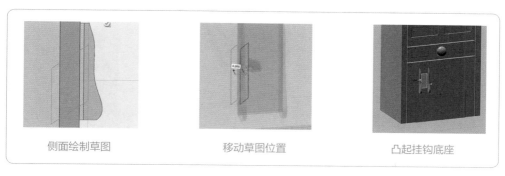

| 侧面绘制草图 | 移动草图位置 | 凸起挂钩底座 |

**8** 使用【草图编辑】-【直线】，在六面体侧面绘制菱形，向内【移动】，通过【拉伸】0.6mm 于挂钩内部创建小凸台。

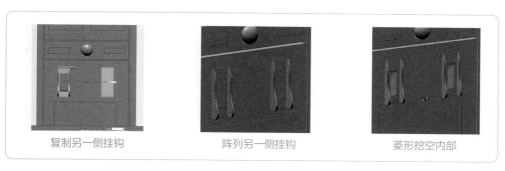

| 复制另一侧挂钩 | 阵列另一侧挂钩 | 菱形挖空内部 |

**9** 使用【基本编辑】-【阵列】出另一侧喷枪挂钩，【组合编辑】用油箱轮廓剪掉 2 个菱形后挖孔。

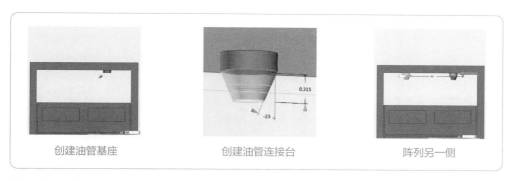

| 创建油管基座 | 创建油管连接台 | 阵列另一侧 |

**10** 使用【基本实体】-【圆柱体】，尺寸半径 0.3mm，高度 0.2mm，使用【拉伸】0.315mm，斜角 23°，创建油箱基座，使用【组合编辑】将圆柱体与锥体合并成整体，阵列出另一侧。

绘制油管路径　　　　扫掠油管成体　　　　阵列另一侧油管

**11** 使用【通过点绘制曲线】绘制油管曲线，曲线顶端绘制【圆形】，半径 0.134mm，执行【特征造型】-【扫掠】完成油管成实体，【阵列】至另一侧。

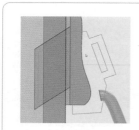

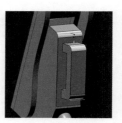

绘制喷枪轮廓　　　　拉伸成实体　　　　圆角转接边缘

**12** 以凹槽侧面为基准，使用【草图绘制】-【直线】绘制油枪轮廓，【拉伸】出实体，用"布尔运算"将油枪把手两侧各减去厚度 0.1mm，使用【圆角】进行转角处理，圆角半径为0.1mm，【阵列】至另一侧。

新建六面体　　　　阵列另一侧　　　　创建顶棚

**13** 使用【基本实体】-【六面体】，创建立柱，尺寸为1mm×1mm×20mm，后【阵列】另一侧。

**14** 使用【草图绘制】-【矩形】工具，以长方体顶面为基准绘制【矩形】-【拉伸】，矩形尺寸 1mm×1mm，拉伸厚度为 1mm。

## 创建场景道具

创建路障基座

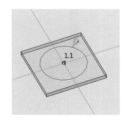

绘制圆形区域

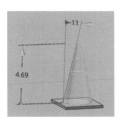

拉伸成圆锥体

**1** 使用【基本实体】-【六面体】，尺寸为 3mm×3mm×0.2mm 创建路障基座，于顶部使用【草图绘制】-【圆形】，半径为 1.1mm，【拉伸】厚度 4.69mm，斜角 11mm 成圆锥体。

圆角基座边缘

挖空路障顶部

创建外侧环状细节

**2** 使用【特征造型】-【圆角】底部过渡边圆滑处理，绘制【圆形】半径 0.082mm，【拉伸】0.054mm，并减运算挖洞。

**3** 使用比锥体略大【圆形】-【拉伸】-【斜角】14°-【阵列】3 个，逐一【缩放】，完成锥体路障外侧环状细节。

**4** 使用【基本实体】-【六面体】，尺寸为 1mm×1mm×20mm，制作路灯支柱，使用【倒角】1mm 后，【拉伸】斜角面为 4.45mm，呈倾斜角状态。

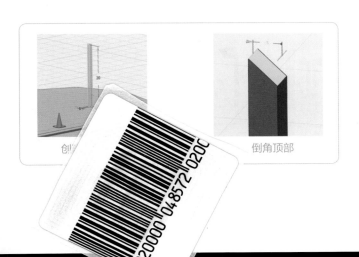

创建□□

倒角顶部

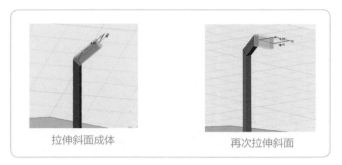

拉伸斜面成体　　　　　　　再次拉伸斜面

**5** 使用【倒角】-【拉伸】-创建【六面体】，尺寸为3mm×3mm×0.7mm，创建路灯支柱。

模拟路灯灯罩　　　　　　　模拟路灯灯泡

**6** 使用【草图编辑】-【偏移曲线】选择六面体的四条边绘制出矩形，【拉伸】0.3mm，路灯制作完成，【阵列】，场景内随意摆放在路边。

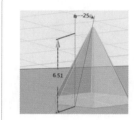

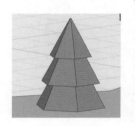

创建树冠　　　　　　　阵列树冠模型　　　　　　　模拟松树模型

**7** 使用【基本实体】-【正多边形】-【绘制六边形】-【拉伸】6.5mm，斜角 -25°，模拟树冠。

**8** 使用【阵列】工具，复制3个树冠后叠加，使用【组合编辑】完成树的整体模型。

复制摆放多个松树模型

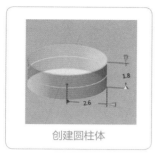
创建圆柱体

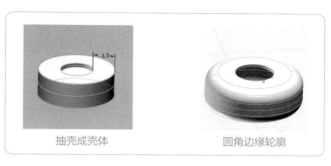
抽壳成壳体　　　　圆角边缘轮廓

**9** 使用【基本实体】-【圆柱体】，尺寸为 1.8mm × 2.6mm，制作轮胎基体。

**10** 使用【特殊功能】-【抽壳】，壁厚为 -1.5mm，内圆面【拉伸】厚度为 -1.5mm，使用减运算，进行【圆角】0.5mm，【抽壳】，壁厚为 0.2mm，完成轮胎基体。

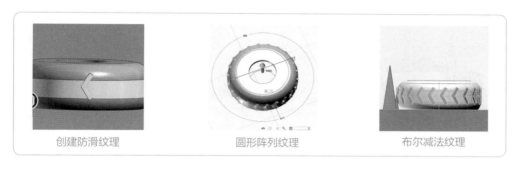
创建防滑纹理　　　　圆形阵列纹理　　　　布尔减法纹理

**11** 使用【基本实体】-【六面体】，尺寸为 1mm × 0.1mm × 0.3mm，【复制】-【旋转】，将 2 个拼接成 "V" 形至轮胎外侧，使用【阵列】-【圆形】，以圆柱外环为轮廓，复制 22 个后，进行【组合编辑】-减运算，完成轮胎制作。

## 创建皮卡车

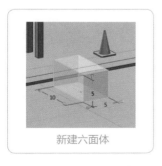
新建六面体

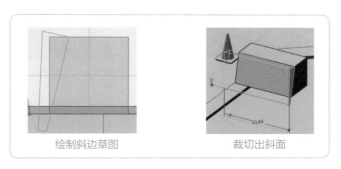
绘制斜边草图　　　　裁切出斜面

**1** 使用【基本实体】-【六面体】，尺寸为 10mm × 5mm × 5mm，创建车头基体。

**2** 使用【草图绘制】-【多段线】绘制切面，用【拉伸】-减运算，将车头斜面切出。

底部拉伸实体

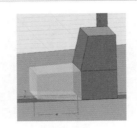
前部拉伸实体

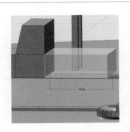
创建后车斗

3  选择底面后【拉伸】，厚度为 −4mm，同样选中车头前方表面，【拉伸】厚度为 −6mm，斜角 3mm，创作出车头部分，同理创作出车身部分。

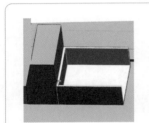
抽壳车后斗

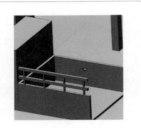
创建护栏

4  使用【抽壳】命令，为皮卡车创建车斗,【阵列】多条【六面体】作为护栏。

绘制侧车门轮廓

绘制前车门轮廓

倒角过渡边缘

5  使用【草图编辑】−【偏移曲线】绘制车门轮廓，数值 −0.3mm，用【拉伸】厚度为 −0.2mm，【倒角】0.3mm，使其过渡更加圆润。

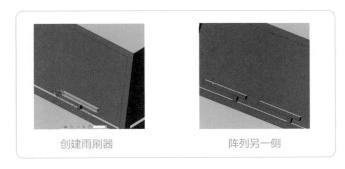

创建雨刷器　　　　　　　　阵列另一侧

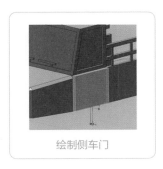

绘制侧车门

6　使用【基本实体】-【六面体】-【复制】摆成"T"形，制作雨刷器，【阵列】另一侧。

7　使用【拉伸】将车头侧面平面拉伸成实体车门，厚度 0.3mm。

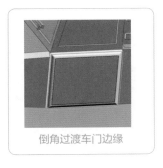

倒角过渡车门边缘

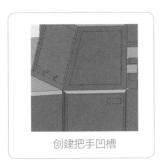

创建把手凹槽

8　使用【倒角】工具，做斜边过渡，厚度为 0.3mm。

9　使用【草图绘制】-【矩形】工具，绘制并减运算出门把手凹槽。

● 制作车顶灯

新建车灯支柱

阵列 4 个

创建椭圆体

10　【基本实体】-【六面体】，尺寸为 0.2mm×0.2mm×1mm，【阵列】4 个，【倒角】0.16mm，拉伸斜面做出灯杆，使用【椭球体】，尺寸为 1mm×1mm×0.7mm。

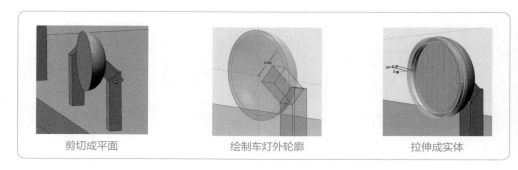

剪切成平面　　　　　　绘制车灯外轮廓　　　　　　拉伸成实体

**11** 再用【草图绘制】-【矩形】，减运算椭球体的一半，使用【草图绘制】-【圆形】椭球体平面绘制两个圆形，【拉伸】0.1mm，最后【阵列】出另外 3 个。

● 制作通风口

复制对称车灯　　　　　　确定通风口范围　　　　　　裁切成三段

**12**【复制】顶灯放置车正前方，使用【草图绘制】-【矩形】绘制 3 个矩形。

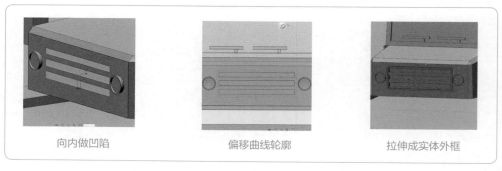

向内做凹陷　　　　　　偏移曲线轮廓　　　　　　拉伸成实体外框

**13** 通过【拉伸】减运算完成通风口，拉伸厚度为 -0.2mm，同理，将【矩形】绘制边框，【拉伸】0.2mm。

● 制作车轮

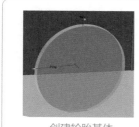

创建轮胎基体

凹陷车轮外侧

镜像对称车轮

**14**【基本实体】-【圆柱体】，半径为 2mm，厚度为 0.23mm，以圆柱体中心绘制【圆形】-【拉伸】减运算，厚度为 -0.1mm，完成车轮轮廓，使用【镜像】复制 4 个车轮。

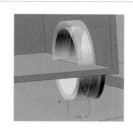

车轮内侧挖孔

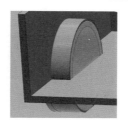

绘制曲线轮廓

拉抻出挡泥板

**15**【拉伸】圆柱体中心的凹槽的面，尺寸为 -1mm，减运算剪切出车轮位置，再次【拉伸】内侧圆的轮廓，尺寸为 1.1mm，中心绘制【圆形】，并【拉伸】0.1mm，【组合编辑】合并车轮与后车厢，【拉伸】车厢下的面减运算，减掉圆柱的下部分，完成挡泥板。

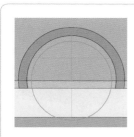

绘制轮胎曲线

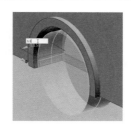

拉伸成实体

圆角车轮四周

**16**　绘制轮胎，使用【草图绘制】-【圆形】绘制轮胎轮廓，拉伸 1.1mm，【圆角】轮的边缘，数值 0.285mm。

车轮内侧挖孔

再次圆角车轮

完成车轮制作

**17** 再次使用【圆形】绘制两个圆，【拉伸】−0.2mm 减运算出轮毂，【圆角】数值 0.16mm，使用【圆柱体】−【圆角】数值 0.08mm，【组合编辑】合并轮胎的两个模型，【镜像】到 4 个轮胎位置。

● 制作脚踏板

创建车体细节

拉伸脚蹬

倒角过渡边

**18** 使用【草图绘制】−【矩形】−【拉伸】，完成车头侧面凹凸细节，使用【草图绘制】−【矩形】−【拉伸】0.75mm，【倒角】0.65mm，【镜像】车体两侧。

创建倒角过渡

创建车体细节

完成皮卡车

**19** 使用【倒角】进行转角过渡，使用【草图绘制】−【矩形】−【拉伸】绘制车外则细节，并用【镜像】车体两侧对称，完成最终皮卡车模型。

场景着色

使用【直线】沿路边缘进行绘制，使用【特殊功能】-【实体分割】将地面分为不同部分，即可使用【颜色】工具为不同实体模型分别进行上色。

作品
小结

"社区加油站"是由多个独立物体制作的集合，与上一个案例相比，制作难度较小，创作工序较为烦琐，是一个比较理想的巩固所学知识技能的案例。

本章
小结

　　本章主要以 3D One 设计软件为例，将实体建模模块的命令进行了分类详解，并将其分成"基本几何体""2D 转 3D 工具""优化模型工具""特殊工具"和"其他工具"五种类型，其中"2D 转 3D 工具"和"优化模型工具"是实体建模的核心部分。之后，依据实体建模的复杂度和难度，安排三个制作实例，希望以此能够给初学者启发并带来相应的练习。

# 数字雕刻

##  数字雕刻建模思路

在开始本章学习内容之前，请先暂时忘记上一章节关于【实体建模】工具的使用方法，因为这里所学的建模命令与实体建模命令会有很大出入。为方便理解，打个不太严谨的比方：实体建模更像是"搭积木"，强调的是不同几何体的外形与结构之间的关系，而数字雕刻建模则好比"捏泥巴"，更突出曲面造型和细节修饰。

数字雕刻建模大多会用在三维角色设计以及精美装饰物上，如影视动画里的王子、公主甚至是怪兽的角色形象，或者古代建筑上精美的花纹等。

在数字雕刻模块中，会用到各种"笔刷"工具，在基本几何体上进行"捏""拉""拖""拽"等不规则变形，进而完成整体造型的初级塑造，随后使用各种类似"刀具"的命令，在成形的实体轮廓上进行精雕细琢。学习完本章内容，就会真正体会美术雕刻的魅力。

##  核心功能模块的组成

3D One 设计软件中的数字雕刻模块虽然被压缩至【基本编辑】中的一个子命令

中，但是其功能还是非常强大，适合初学者或者美术造型感觉强的设计者使用。

根据数字雕刻的使用功能进行分类，可将其分成以下五种不同的建模命令，分别是：【视图工具】【变形工具】【拓扑工具】【平滑工具】和【遮罩工具】。

需要注意，这里的分类并非 3D One 软件自身的分类，而是依据雕刻工序习惯重新划分类别，这样有助于读者更好地辨别和使用它们。

通常在使用数字雕刻功能建模时，设计师都会优先在实体建模模块中新建一个【球体】或是轮廓更贴近于最终成品的几何综合体，然后才进入雕刻模块，使用【视图工具】调整至观看模型的最佳角度。使用【变形工具】对模型进行大体轮廓的变形时，由于一旦进入到雕刻模块，模型的所有部分都会被若干"三角面"进行细分，因此推拽力度过大的地方会出现"破面"或是尖锐的部分，这就需要通过【拓扑工具】对其进行"网格重构"或进一步优化细分的工作，然后交替使用【变形工具】和【平滑工具】对模型进行优化，对于某些不想被修改而又不易规避的区域，可使用【遮罩工具】进行锁定，这样就可以更好地创作模型的细微纹理。最后【保存并返回】实体模块，完成软件中的数字雕刻作品。

如果学习本章内容有困难的话，不妨额外准备"超轻黏土"或"橡皮泥"等实物进行对比创作，这样能增加感官上的理解。

## 4.3 视图工具

与实体建模模块中"视图导航"（控制观察方向的立方体）一样，在数字雕刻模块中，想要更精准地确定三维模型的视图方向，除使用鼠标右键旋转功能外，还可以通过【视图工具】来进行"前视图""左视图""顶视图"等方向的调整。可在雕刻模块下，左侧工具栏最下方找到【视图工具】，通过点击相应视图角度切换观察角度。下图以骰子为例进行演示。

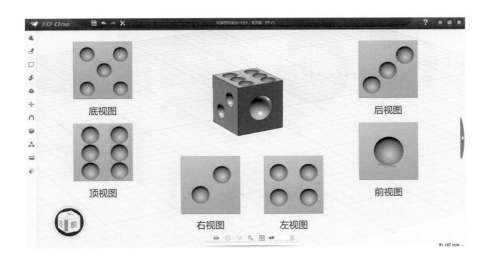

# 4.4 变形工具

数字雕刻中的"变形工具"更像是一种"凹凸工具"的集合，包括工具栏中单独分离出来的【笔刷】【膨胀】【扭转】【捏塑】【皱褶】和【拖拉】五种常用的雕刻工具，还包括【遮罩】【缩放】和【变形】工具。我们按照雕刻建模命令的使用顺序和频率进行排列，依次详解。

 ❶【缩放】和【变形】工具｜使用频率 *****

【缩放】和【变形】工具通常是在雕刻建模中最先用到的工具，会对基本实体模型进行外轮廓上的改造，就像是在捏橡皮泥时，最初制作泥坯的阶段，需要对初始泥坯进行轮廓上的塑形。可从雕刻模块的工具栏中【遮罩】里找到这两个工具。

注意：【缩放】工具要在启用【动态网面结构】后使用，否则就会出现穿插面或是网面拓扑结构不足的情况（参见"拓扑工具"）。

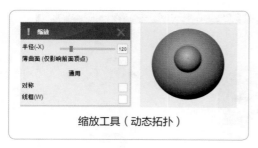

缩放工具（动态拓扑）

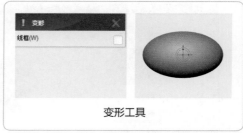

变形工具

 **【拖拉】工具 | 使用频率 \*\*\*\*\***

在雕刻模型的初级阶段，通常不会对模型做细致的雕刻，而是进行大体轮廓的全面塑造，使用【拖拉】工具中的【拖拉】和【移动】命令，将初始模型进行变形。

### ①【拖拉】命令

【半径】：调节选区（或称作"笔刷"）的范围大小。

【对称】：自动创建中心对称轴，无论从哪边操作，中心轴两侧做对称变化。

【线框】：可显示当前模型细分状态，屏幕右下侧显示相应顶点／面的数量。

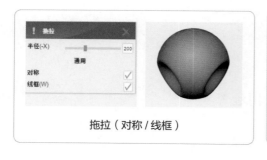

拖拉（对称／线框）

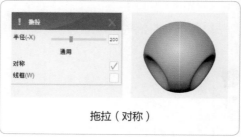

拖拉（对称）

### ②【移动】命令

【移动】命令与【拖拉】命令效果相似，不同的地方在于可以控制选区拖拽点是否【沿法线方向移动】。

所谓"法线"是指垂直于所选择的面方向的垂直线，通常这是一条看不见的线，是人为规定的，用来方便描述光线照射模型表面这一现象。

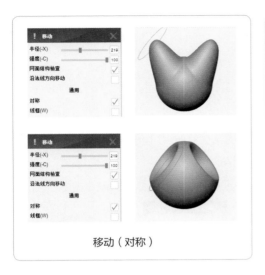

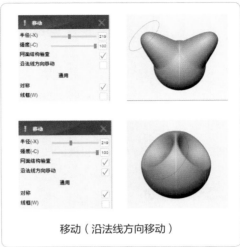

移动（对称）

移动（沿法线方向移动）

## 3【笔刷】工具 | 使用频率 *****

　　【笔刷】工具通常在为模型添加凹凸时使用，这个工具类似于手工制作橡皮泥时，添加或去除"泥巴"的过程。通过下图对比可以清楚看到【黏土】的作用，更像是一边添加或去除"泥巴"，一边抹平纹路的效果。

笔刷（黏土）效果

笔刷（无黏土）效果

## ④【膨胀】工具 | 使用频率 ****

乍一看，【膨胀】工具和【笔刷】（无黏土）工具差不多，都是将模型表面向外凸和向内凹的效果，如果仔细观察就不难发现，两者的最大区别就是【膨胀】工具的笔触更圆润饱满，凹凸过渡更均匀。基于这个特点，通常会在使用【笔刷】的基础上，使用【膨胀】工具进行转角隆起过渡的效果，例如为角色的嘴唇修边。

膨胀

膨胀（反向）

## ⑤【皱褶】工具 | 使用频率 ***

【皱褶】工具是一个很好用的"勾边"工具，不论是凸起还是凹陷的区域，都可以用它来对模型轮廓进行强化。最常用的是勾选【反向】以后的模式，对模型的沟壑部分做进一步凸显。

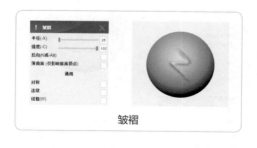

皱褶

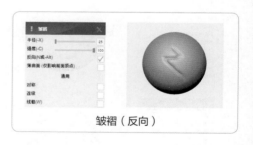

皱褶（反向）

## ⑥【捏塑】工具 | 使用频率 ***

【捏塑】工具有点模拟捏橡皮泥时，手指揪起泥丸的效果，在没有勾选【反向】的情况下，通过下图的对比可以清晰看到【笔刷】隆起的部分均比之前更圆润。

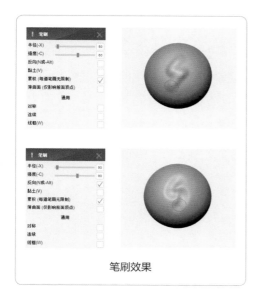

笔刷效果

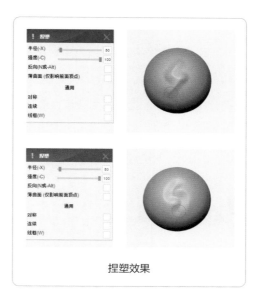

捏塑效果

## 7【扭转】工具 | 使用频率 **

【扭转】工具是一个很有意思的建模命令，只要在物体表面进行旋转，就能够出现一个旋涡造型，非常适合给模型做"印花"型凹凸纹理的效果。使用的时候要注意，不能旋转力度过大，否则容易造成模型"破面"或模型穿插（见【结构拓扑】工具）。

扭转效果

# 4.5 拓扑工具

可以说在数字雕刻建模当中，拓扑工具是非常重要的一个工具，其使用直接影响到作品的最终效果。而数字雕刻建模实际上就是对模型表面不断细分的过程。通过对细分出来的点、线、面重新进行雕琢，从而塑造全新的造型。

物体表面网状结构的分布，这里统称为"结构拓扑"或"面拓扑"。根据结构拓扑的类型特征可分成三种类型：细分结构，静态优化拓扑和动态优化拓扑。

 细分结构

由于计算机的运算承载量是有限的，一旦进入数字雕刻模块，软件都会给模型默认一个初始的网状拓扑结构，随着设计师对模型的雕刻不断细化，最初的网状拓扑结构已经无法满足需要，因此就需要对模型表面的结构进行再【细分】或【网状重构】，否则模型表面就会出现"破面"或"面穿插"。用一个不严谨的类比，这就好比"包饺子"的时候，饺子皮破了，这当然不可能是一个完整的饺子，雕刻建模也一样，这就是存在问题的模型，就需要为其填补面或让模型表面更具有弹性，来弥补之前的窟窿。但如果细分的次数过多，又会超过计算机运算承载量，导致软件的"崩溃"，所以在使用雕刻建模时要有拓扑优化的意识。

【解析度】：网络拓扑结构细分的层级，数字越大，细分面也就越多。

【细分】：点击后即可将模型表面网络拓扑进行细分。

【反转】：细分反转，可将模型表面细分数量成比例地减少。

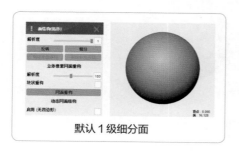

默认1级细分面

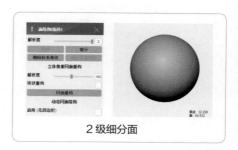

2级细分面

从下图的对比中可以看到默认初始模型在进行【推拉】时，模型的末端网格已经明显不足，再进行拉伸就会有"破面"的危险，经过 2 级细分后，模型末端网状结构进行了细分拓扑，推拉效果一定程度上得到了改善。

默认推拉模型效果

2 级细分后推拉模型效果

当【扭转】程度过强时，可以清楚地看到下图出现"破面"的问题，经过 2 级细分后，模型推拉效果一定程度上也得到了改善。

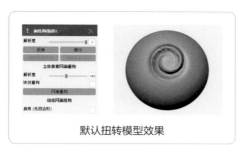

默认扭转模型效果

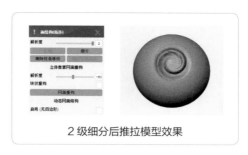

2 级细分后推拉模型效果

 静态优化拓扑

所谓"静态优化拓扑"，就是在尽量不改变当前网面数量的情况下，根据模型造型表面特征对网格进行重新排布，可通过调节【解析度】中的数值控制网面的数量。

默认拓扑结构

网面重构效果

在"静态优化拓扑"中有一种比较特殊的网格拓扑结构——"块状重构"，选择后进行网格重构，就会出现类似"沙盒积木"那种像素堆积的效果，且整个结构会根据模型的表面造型进行排布，依旧通过修改【解析度】的数值来对效果进行调整。

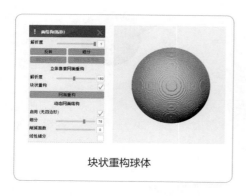

块状重构球体

块状重构角色模型

小提示：可以使用"块状重构"命令来完成诸如"我的世界"中沙盒玩具式的各种造型。

## ③ 动态优化拓扑

"动态优化拓扑"相对于"静态优化拓扑"而言，是一种更为节省计算机运算空间的优化算法，即只根据雕刻"笔刷"的路径进行网格面细分，其余部分均不会受到影响。

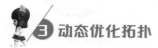

动态重构

动态重构凸起效果

动态重构凹陷效果

# 4.6 平滑工具

　　"平滑工具"包含【平滑】和【抹平】两个工具，前者使用的频率更高，基本上每做一次模型的隆起和凹陷效果，就需要使用【平滑】工具进行模型平滑，以减少手持笔刷雕刻所造成的不均匀效果。而后者则更偏向于给模型凸起最高点进行"找平"，以减少最高凸起与周围的落差。

## 1 【平滑】工具

　　【平滑】工具实际上是对模型表面凸起或凹陷的地方与周边进行实体融合，尽量把交界划分得更模糊，会从上下和左右对模型表面的网格进行拓扑，而当勾选【仅放松】时，再进行平滑操作，则将模型表面上下方向进行了锁定，只对左右进行网格拓扑。

笔刷效果

平滑参数面板

平滑后效果

## 2 【抹平】工具

　　【抹平】工具类似给模型表面"垫高"或"打平"，通过下图中两种效果的对比，可以很清楚地观察出来。

抹平效果

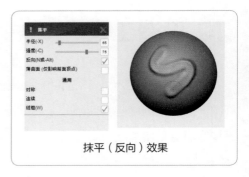

抹平（反向）效果

# 4.7 遮罩工具

遮罩工具通常是数字雕刻建模的熟手必备技能，特别是随着训练量的提升，对于雕刻模型的细节刻画需求逐步加强，特别是当设计师只想对某一特定区域进行雕刻而不想破坏周边区域时，或者只想沿着某一特定区域进行模型调整时，就可以通过绘制【遮罩】区域，从而遮盖不想修改的区域。

遮罩面板

圆形遮罩绘制

遮罩边缘隆起效果

## 4.8 实例教学

难度指数 ★

扫码看视频讲解

作品分析

　　"怪物兄弟"属于简单易上手的作品，只需要对数字雕刻的基本工具，如【笔刷】【雕刻】【平滑】【拖拉】等反复尝试，灵活使用【网格重构】命令即可。本案例挑选最基础的小怪物进行设计，其余部分可在此基础上进行删减。

制作
过程

## 创建角色轮廓

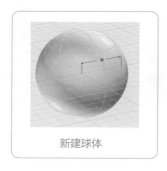

新建球体

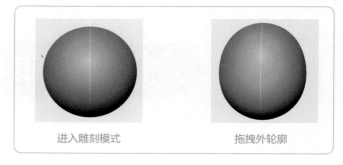

进入雕刻模式　　　　拖拽外轮廓

**1** 在实体模式下，使用【基本实体】-【球体】创作角色基础模型，直径20mm。

**2** 进入雕刻模式，使用【拖拉】工具，勾选【对称】，形成椭圆形脸部轮廓。

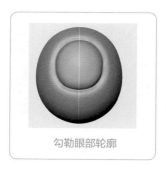

勾勒眼部轮廓

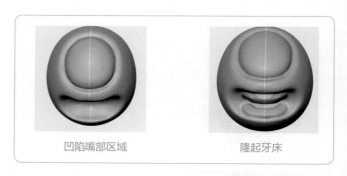

凹陷嘴部区域　　　　隆起牙床

**3** 使用【皱褶】工具，勾勒眼部轮廓。

**4** 使用【笔刷】-【反向】工具，凹陷嘴部区域，并隆起牙床表面。

## 绘制脸部细节

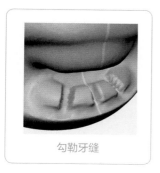

勾勒牙缝

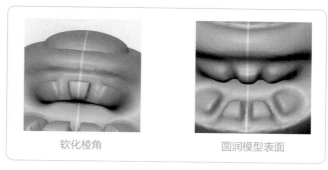

软化棱角

圆润模型表面

**1** 使用【笔刷】(勾选"反向")勾勒牙齿缝隙。

**2** 使用【平滑】工具,软化牙龈棱角。

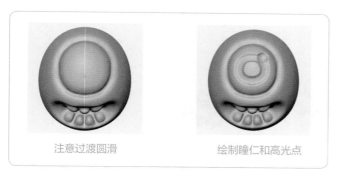

注意过渡圆滑

绘制瞳仁和高光点

**3** 使用【笔刷】(勾选"反向")绘制出瞳仁与高光点。

## 创建角色四肢

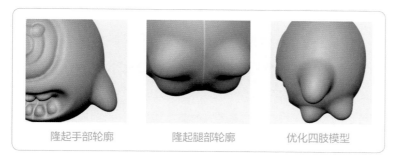

隆起手部轮廓

隆起腿部轮廓

优化四肢模型

**1** 使用【拖拉】工具,从小怪物身上拽出手臂与四肢。

拓扑优化表面结构

平滑模型表面　　　　　完成角色模型

**2** 使用【面结构（拓扑）】–【立体像素网面重构】–【解析度】300°。

**3** 优化模型表面，完成最终角色模型。

## 拓展角色百变造型

运用相同方法，通过添加或修改角色面部特征，即可达到百变角色的效果。

作品小结

　　"怪物兄弟"作为数字雕刻部分的入门制作案例，希望创作者尽可能体会雕刻建模过程中，如何利用物体表面凹凸起伏的变化来刻画 Q 版角色形象的方法，运用基本工具【笔刷】【平滑】等来雕刻角色轮廓与细节，以及通过拓扑优化模型外表面结构，以达到圆润的效果。

难度指数 ★ ★

扫码看视频讲解

作品
分析

　　"飞天炎魔"与上一个作品相比较，其外观更偏向于 Q 版"龙"的形象，无论从整体结构还是细节雕刻上难度都会明显增加，因此会用到更多笔刷工具，如【膨胀】【皱褶】等。选用这个作品作为数字雕刻建模的进阶案例，就是希望读者能循序渐进地体会数字雕刻建模的魅力。

## 雕刻头部轮廓

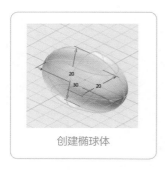

创建椭球体

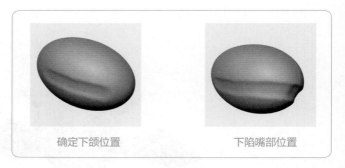

确定下颌位置　　　　　　　　下陷嘴部位置

**1** 在实体模式下，【基本实体】-【橄榄球体】，创建角色基体，尺寸为 30mm×20mm×20mm，【旋转】-21°（左视角）。

**2** 进入雕刻模式，使用【笔刷】工具，选择【反向】-【黏土】-【累积】-【对称】，【半径】50，【强度】50，明确恐龙下颌位置。

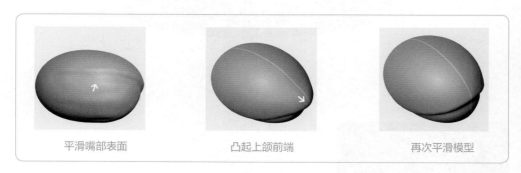

平滑嘴部表面　　　　　　凸起上颌前端　　　　　　再次平滑模型

**3** 使用【拖拉】工具，隆起鼻尖，使【平滑】工具，柔滑模型表面。

## 创建五官

挖空鼻孔

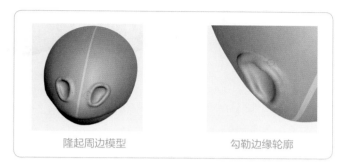

隆起周边模型　　　　勾勒边缘轮廓

**1** 使用【面结构】–【动态网面结构】工具，选择【启用】–【细分】11，使用【笔刷】工具，【半径】50，【强度】22，挖空鼻孔。

**2** 使用【膨胀】工具，沿鼻孔外沿隆起，使用【皱褶】工具，勾勒边缘。

确定犄角位置

再次隆起犄角

创建完整犄角

**3** 在【动态网面结构】状态下，使用【拖拽】，隆起犄角，注意模型表面平滑。

隆起眼部

雕刻眼球细节

**4** 使用【笔刷】工具，隆起眼部轮廓，再使用【皱褶】工具，雕刻眼部细节。

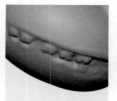

| 沿嘴部隆起牙齿 | 勾勒牙齿轮廓 | 丰满牙齿表面 | 完成头部模型 |

**5** 同样使用【笔刷】+【皱褶】工具，沿嘴部雕刻牙齿，并使用【膨胀】工具，对牙齿表面做细微调节，圆润模型。

## 创建头顶犄角

新建柱体

重构网格表面　　再建新柱体

**1** 在实体模块下，新建【柱体】，2.5mm×5mm，作为犄角基底。

**2** 在雕刻模式下，使用【立体像素网面重构】工具，【解析度】10，【网面重构】并平滑。

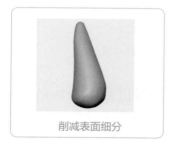

削减表面细分

环形阵列排布　　完成头部模型

**3** 在实体模块下，再建【柱体】，2.5mm×10mm，作为犄角第二层，进入雕刻模式，使用【立体像素网面重构】工具，【解析度】10，【网面重构】并平滑。

**4** 在实体模块下，使用【阵列】-【圆形阵列】工具，借用【柱体】环形排布犄角，完成头部模型。

## 创建躯干

新建柱体

位置调整

**1** 在实体模块下，新建【柱体】，5mm×20mm，作为躯干基本轮廓。

模型网格重构

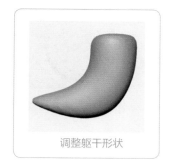

调整躯干形状

完成躯干轮廓

**2** 雕刻模式，使用【立体像素网面重构】工具，【解析度】20，【网面重构】并平滑。

**3** 使用【拖拽】工具，调整躯干轮廓，创建渐变形状。

**4** 使用【平滑】工具，平滑躯干轮廓，完成躯干轮廓。

## 制作前后爪

新建柱体

圆滑模型表面

**1** 在实体模块下，新建【柱体】，4mm×10mm，作为腿部基底。

**2** 进入雕刻模式，使用【立体像素网面重构】工具，【解析度】30，网面重构并进行平滑处理。

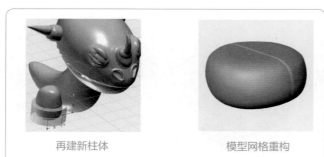

再建新柱体

模型网格重构

**3** 在实体模块下，新建【柱体】，5mm×5mm，作为脚掌基底，重复上步重构网格操作。

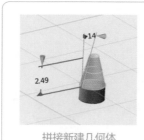

拼接新建几何体

环形阵列

**4** 新建【柱体】，尺寸为1mm×1.2mm，于其顶部再次新建【柱体】，高度2.49mm，顶部倾斜角为14°，两者拼接模拟飞龙脚趾。使用【阵列】-【环形阵列】，复制多组脚趾。

## 制作飞龙翅膀

新建椭圆体

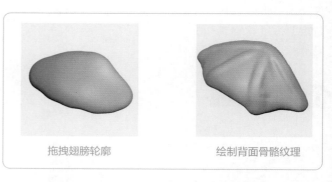

拖拽翅膀轮廓

绘制背面骨骼纹理

**1** 在实体模块下，新建【椭球体】，6mm×25mm×20mm，作为翅膀基体。

**2** 进入雕刻模式，使用【立体像素网面重构】工具，【解析度】40，网面重构，使用【拖拽】命令，拖拽出翅膀大体轮廓并【平滑】。

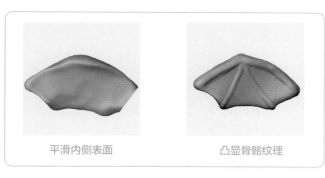

平滑内侧表面　　　　　凸显骨骼纹理

完成模型主体

**3** 使用【笔刷】命令，绘制翅膀内外两侧骨骼纹理，【平滑】内部模型表面。

**4** 返回实体模块，【镜像】翅膀，完成角色基本造型。

## 制作底座并着色

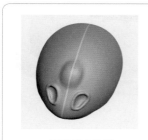

确定犄角位置

指定模型颜色

着色完成

**1** 在实体模块下，【颜色】-【块颜色】-【刷子】，选择指定模型表面颜色。

**2** 新建【橄榄球体】，通过【拖拽】命令，模拟完成火焰模型。

新建柱体模型

**3** 合并新建的2个柱体，进入雕刻模式，使用【雕刻】-【立体像素网面重构】-【解析度】150，点击【网面重构】【动态网面结构】-【启用】，【细分】15。

绘制凹凸纹理

**4** 使用【皱褶】-【反向】绘制地表纹理,【动态网面结构】-【启用】,【细分】20。

**5** 最后调整模型细节,圆滑模型表面,完成作品。

作品
小结

　　由于"飞天炎魔"作品表面网格细分较多,消耗计算机运算与存储的资源也会很多,因此在控制模型细分面时,优化计算机运行成为这个案例的核心内容。合理运用"动态拓扑"工具,反复使用优化模型表面、平滑等工具,可以有效地解决这些问题,让角色模型设计起来更加饱满。

难度指数 ★★★

扫码看视频讲解

三维建模成品

3D 美化设计成品

3D 打印着色成品

作品
分析

　　本作品对于软件初学者来讲，学习和制作环节都比较困难，可先通篇浏览整个制作环节，专项练习所用到的工具后，再开始 Q 版人物角色的设计。

　　本案例采用统一角色模型制作标准基底，然后分别雕刻不同发型、发饰和服装配饰等模型，以达到创建不同角色形象的目的。设计师可借鉴此类方法，创造自己的百变角色模型。

### 雕刻头部轮廓

创建球体

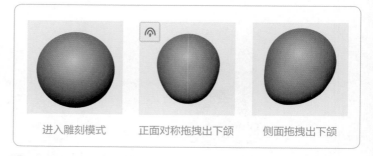

进入雕刻模式　　　正面对称拖拽出下颌　　　侧面拖拽出下颌

**1** 在实体模式下，选择【基本实体】-【球体】，创建球体作为人物角色头部基体，半径20mm。

**2** 进入雕刻模式，使用【拖拉】工具，拖拽出下颌。

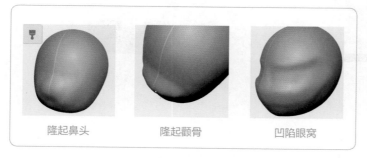

隆起鼻头　　　　　隆起颧骨　　　　　凹陷眼窝

拓扑表面

**3** 使用【笔刷】工具，隆起鼻尖与颧骨，【笔刷】-【反向】凹陷眼窝。

**4** 使用【面结构（拓扑）】-【立体像素网面重构】-【解析度】300。

## 优化头部轮廓

平滑表面

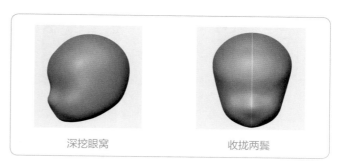

深挖眼窝

收拢两鬓

**1** 使用【平滑】工具，抚平模型表面。

**2** 继续使用【笔刷】凹凸面部轮廓，注意对称收拢两鬓。

## 设计角色发型

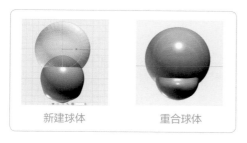

新建球体

重合球体

**1** 在实体模式下，选择【基本实体】-【球体】创建球体，半径 23mm，创建 2 个球体，部分重合。

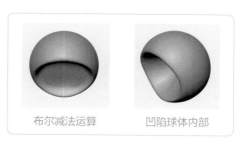

布尔减法运算

凹陷球体内部

**2** 布尔减法运算，构造一个凹陷球体。

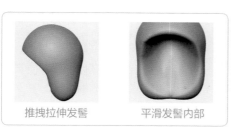

推拽拉伸发髻

平滑发髻内部

**3** 进入雕刻模式，使用【笔刷】工具，凹陷球体内部后【平滑】内壁。

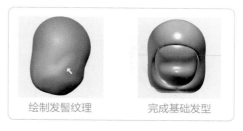

绘制发髻纹理

完成基础发型

**4** 使用【拖拉】工具，拖拽出发髻，使用【笔刷】工具，勾勒表面纹理。

  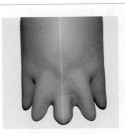

绘制刘海儿          拓扑模型表面          拖拽发梢末端

**5** 反复使用【笔刷】工具绘制"刘海儿"和头发表面进行细节凹凸处理。

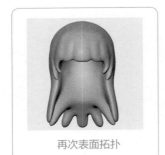  

再次表面拓扑          弯曲发梢末端          优化基础发型

**6** 使用【面结构（拓扑）】-【立体像素网面重构】-【解析度】200。

**7** 交替使用【笔刷】和【平滑】工具，弯曲发梢末端。

**8** 再用【动态网面结构】【启用】-【细分】30，重复上述环节优化模型。

## ✒ 角色配饰设计

创建环体          调节位移旋转

**1** 在实体模式下，【基本实体】-【圆环体】，半径12mm，环半径4mm。

**2** 调节环体位置，使其围绕在颈部周围。

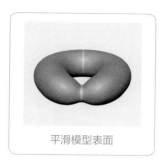

平滑模型表面

皱褶深陷接缝

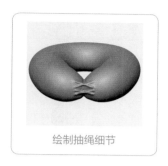

绘制抽绳细节

**3**　进入雕刻模式，使用【拖拉】工具，丰满环体成围脖状，【平滑】表面。

**4**　使用【膨胀】+【动态网面结构】【解析度】150，启用动态网面结构，【细分】30，圆润角色围脖配饰。

**5**　使用【皱褶】+【笔刷】绘制抽绳细节，再用【动态网面结构】【解析度】300 +【启用】动态网面结构，【细分】71-【平滑】，完成围脖模型。

## 🔖 角色身体设计

创建圆台

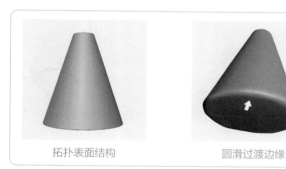

拓扑表面结构　　　　　　圆滑过渡边缘

**1**　在实体模式下，【基本实体】-【圆柱体】，斜角 18°。

**2**　进入雕刻模式，使用【面结构（拓扑）】-【立体像素网面重构】-【解析度】150。

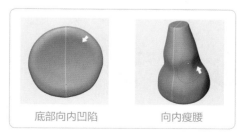

底部向内凹陷　　　　向内瘦腰

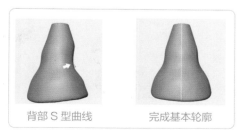

背部 S 型曲线　　　　完成基本轮廓

**3**　使用【笔刷】工具，使用【平滑】工具，圆润裙底边缘轮廓，并将底部向内凹陷。

**4**　使用【拖拉】工具，为角色瘦腰、凸显背部曲线。

创建套袖、手臂及裙摆

隆起肩部

创建套袖轮廓

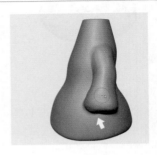
拓展袖口宽度

**1** 使用【笔刷】工具 – 隆起肩部，并沿身子侧边创建整个袖子，注意拓宽袖口。

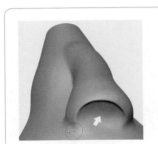
挖空袖口内部

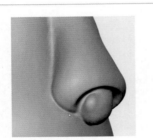
隆起手部特征

**2** 使用【笔刷】-【反向】挖空袖口，并隆起手部特征，注意使用【平滑】工具。

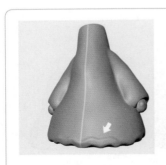
雕刻裙摆花边

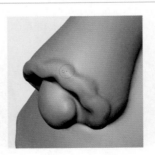
雕刻袖口花边

完成服装设计

**3** 使用【推拉】工具，分别在裙摆和袖口边缘雕刻花纹。

## 创建角色腿部

新建 2 个柱体

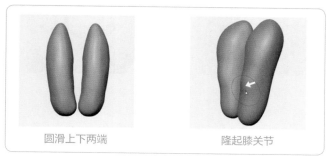

圆滑上下两端　　　　　隆起膝关节

**1** 在实体模式下,【基本实体】-【圆柱体】,作为角色腿部基础模型。

**2** 进入雕刻模式,使用【笔刷】工具,慢慢将圆柱体拓宽或棒状,上宽下窄,隆起膝关节,平滑表面。

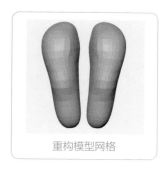

重构模型网格

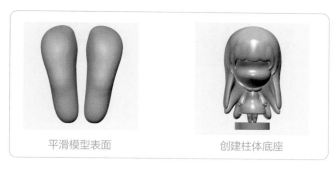

平滑模型表面　　　　　创建柱体底座

**3** 使用【面结构(拓扑)】-【立体像素网面重构】-【解析度】300。

**4** 使用【平滑】工具,圆滑模型表面后,返回实体模式下,创建底座。

## 雕刻角色五官

下沉眼窝

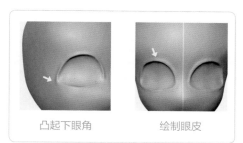

凸起下眼角　　　　绘制眼皮

**1** 使用【笔刷】工具,凸显眼窝,【平滑】模型表面。

**2** 使用【拖拉】+【皱褶】工具,凸显眼窝和眼皮,【平滑】模型表面。

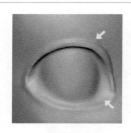
隆起眼球并细化

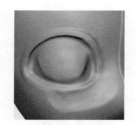
塌陷眼角表面

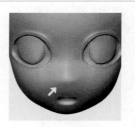
平滑后凸显鼻尖

**3** 使用【笔刷】+【皱褶】工具，隆起眼球，并反向【笔刷】工具，塌陷眼角周边。

模拟眼底纹理

完成角色作品

**4** 使用【笔刷】工具，模拟眼底纹理凹陷，完成作品。

## 拓展角色模型

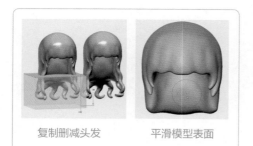
复制删减头发　平滑模型表面

**1** 在实体模式下，复制原发型，使用布尔减法运算，减除部分头发。

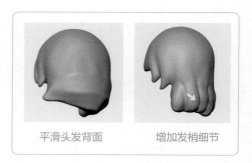
平滑头发背面　增加发梢细节

**2** 进入雕刻模式，使用【面结构（拓扑）】-【立体像素网面重构】-【解析度】200。

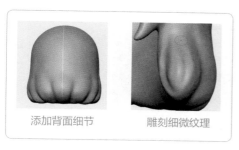

添加背面细节　　　雕刻细微纹理

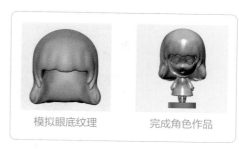

模拟眼底纹理　　　完成角色作品

**3** 使用【笔刷】工具，绘制发梢部分更多
细节，使用【平滑】工具进行圆润处理。

**4** 使用【皱褶】工具，增加更多细节凹凸
效果，完成角色新发型。

## 拓展角色百变造型

学生装　　　　　　　萝莉装　　　　　　　森系装

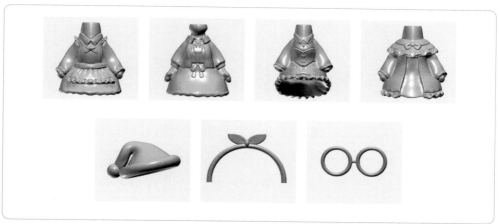

运用同样方法，通过修改并优化角色发型、服装和服饰，即可达到百变换装的效果。

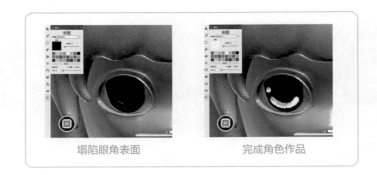

塌陷眼角表面　　　　　　　　完成角色作品

为显示角色不同妆容，可使用实体建模模块下的【颜色】工具，为不同角色进行着色。

　　【颜色】-【块颜色】选择颜色-【刷子】-【半径】，调整适合的笔刷大小，选择颜色刷在模型表面进行涂色，点击【完成】可进行下一个模型的着色环节。

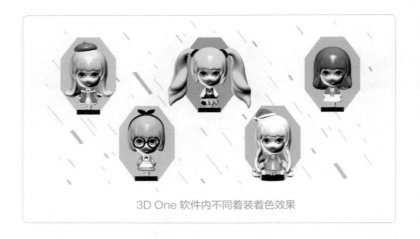

3D One 软件内不同着装着色效果

同理，为不同角色的头发、服装、配饰等模型着色，以达到展示的最佳效果。

　　使用 3D One 软件来进行角色设计时，特别需要注意在雕刻模式下对模型表面的网格细化和平滑处理，通常会反复使用各种笔刷工具，适当交替使用平滑等工具，以达到模型外轮廓的圆润效果。另外要启用动态网格拓扑，一方面可以减少计算机的载荷负担，另一方面也可以让角色模型的局部更加精细。

# 程序建模

## 5.1 程序建模思路

　　如果说实体建模更适合工程设计，数字雕刻更适合造型设计，那么程序建模则更偏向于原始的计算机辅助设计，即通过编写代码来直白地告诉计算机，如何创建三维模型或是制作一段演示小动画。从根本上讲，所有的三维设计软件的底层代码和逻辑都源自程序，所有的目的都只是为了能让设计者使用起来更加方便而已。

　　程序建模虽然看上去有些原始，应用起来也相对复杂，那为什么还要学习程序建模？随着编程和人工智能的兴起，想要让计算机更好地服务于人类，就需要懂得计算机的语言和逻辑，而程序建模可以让设计者了解计算机的运行机制，即计算机是如何通过数学和逻辑将数字与代码转换成三维建模可以执行的操作步骤，从而激发设计师们更多、更好的创作灵感。

## 5.2 核心功能模块的组成

　　3D One 设计软件中的程序建模隐藏在右侧【趣味编程】之中，这里包括两大模块：一种是图形化编程语言，也就是【积木编程】，设计者只需要在右侧空白处拖拽所需使用的"色块",像搭建积木一样按照计算机编程的逻辑顺序,完成模块的首尾衔接,即可实现三维建模;另一种则切换至【Python 模式】,进行代码式的编程。本书的目标是教会大家如何三维设计与制造,因此只对【积木编程】进行详细介绍,不会涉猎【Python 模式】。

按照计算机掌握数据与反馈信息的先后顺序,可将程序建模工具分成"输入""存储""计算"和"输出"四个部分。设计者将所想要实现的想法以数字和符号的方式输入给计算机,它就可以通过调用软件中的算法进行计算,通过三维模型的方式呈现出来。而 3D One 设计软件已经将常用的逻辑算法内嵌其中,下面就来认识一下默认的三种基本类型。

第一种可以称其为"编程建模",和之前"实体建模"中的很多可视化工具属于一一对应的关系,因此理解起来比较容易。

第二种"逻辑运算",更多的是通过搭建数学模型,用数学公式的方式实现三维实体建模,这点与市面上常用的可视化编程软件非常类似。

第三种"辅助工具"则是将市面上常用到的编程小工具做成集合,方便创作者调用。

下面将挑选这三类程序建模工具中较为重要且经常会被用到的工具进行介绍。

## 5.3 "编程建模" 工具

### 1 基本实体

和【实体建模】中的【基本实体】的呈现方式一样,在右侧操作栏中将【基本实体】-【长方体】模块拖拽至空白处,点击上方【信息栏】中【运行】,三维操作空间中即可显示所创作的模型。

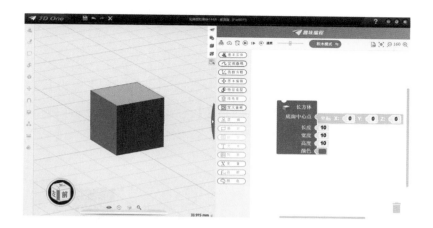

　　所有【基本实体】中的创建命令都可以按照相同的方式创建，在创建的过程中可以看到三维模型自身的基本属性，如长方体的长度、宽度、高度、颜色等。这也是使用程序建模最大的好处，可以从计算机工程师的角度，用参数化的视角来看待整个创作过程。

　　以下列出基本几何体的参数模块，方便读者进行比较。

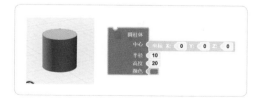

## 2 空间曲线

【空间曲线】中所创建的基本几何图形对应的是【实体建模】中的【草图绘制】命令，拖拽至空白处，点击上方【信息栏】中【运行】，三维操作空间中即可显示所创作的草图。

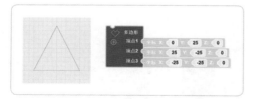

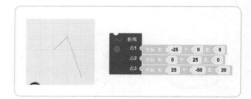

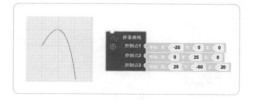

### 基本编辑

　　【基本编辑】中的所有命令与【实体建模】中的命令也是一一对应的关系，拖拽至空白处，按照逻辑关系相连接，点击上方【信息栏】中的【运行】命令，三维操作空间中即可显示所创作的图形。

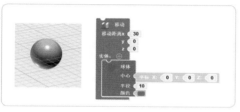

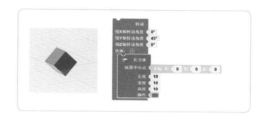

### 特征造型

　　【特征造型】中的所有命令与【实体建模】—【特征造型】中的命令也是一一对应的关系，拖拽至空白处，按照逻辑关系相连接，点击上方【信息栏】中【运行】，三维操作空间中即可显示所创作的图形。

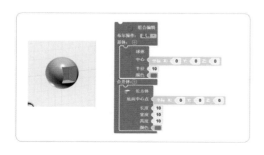

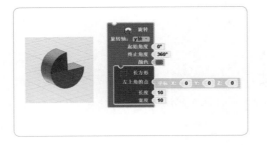

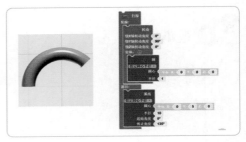

# 5.4 "逻辑运算" 工具

## 函数方程

【函数方程】实际上属于数学解析几何中的可视化表达，三个工具依次可以理解为函数方程取值范围不同，在三个轴向（X、Y 和 Z 轴）上所呈现出的结果不同，最终实现的效果也就会不同。

## 函数元素

在"函数运算"这个小模块中，包括【逻辑】【循环】【数学】【文本】【列表】【变量】【函数】和【颜色】，为方便快速理解它们之间的区别，特别做出以下区分和解释。

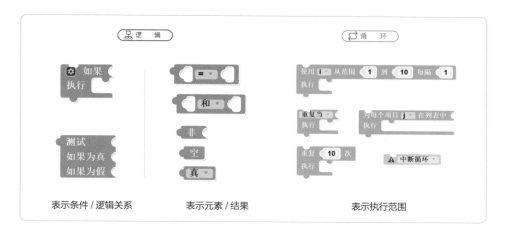

表示条件 / 逻辑关系　　　表示元素 / 结果　　　表示执行范围

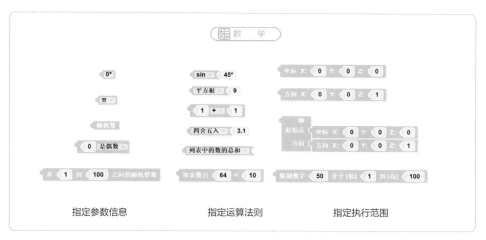

指定参数信息　　　指定运算法则　　　指定执行范围

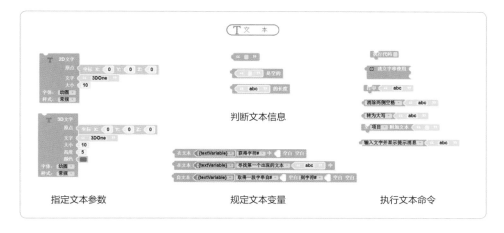

指定文本参数　　　规定文本变量　　　执行文本命令

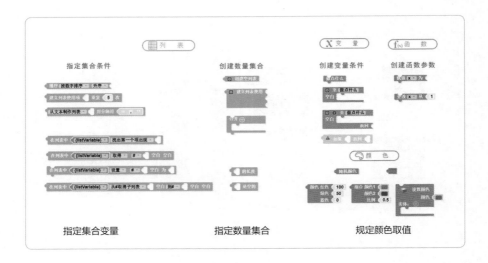

如果把编程逻辑比喻成制作一道菜的话，那么"函数元素"中的诸多命令就是制作这道菜所需要的食材，想要烹饪出一道道美味佳肴，既要对做菜的流程熟稔于心，更要对每一道食材了如指掌。

# 5.5 "辅助工具"命令

在程序建模中，"辅助工具"将【海龟库】和【定义面板】这两个小模块暂列其中，前者主要结合了图形化编程软件中的功能，利用逻辑程序控制平面角色的动势或参数，例如 Scratch 制作的平面动画和小游戏，而后者则主要将参数调节转化为"滑块式"，使用者无需通过复杂的代码进行操作，只需要拨动一个个小滑块，即可实现参数调节的效果。相较而言，【定义面板】会更加实用。

## 5.6 实例教学

难度指数 ★

扫码看视频讲解

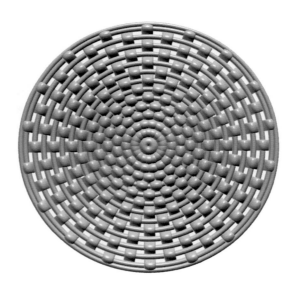

作品分析

　　作为第一个完全由程序编程来控制参数做成的三维模型，着重强调的是建模的先后顺序，在制作的过程中，通晓所用到的参数与变量及其关系是非常必要的。

# 程序全景图

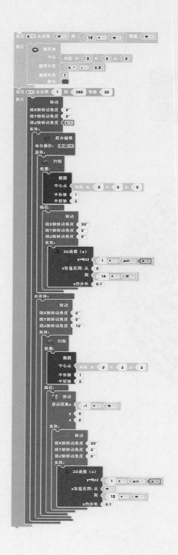

## 创建曲线编织物

**1** 使用【椭圆】模块，改变其参数，使之成为曲线编织物的截面轮廓线。

**2** 使用【2D 函数】模块，规定函数方程为正弦函数，另设变量 x，扩大函数周期至 14 次，使之成为曲线编织物的路径。

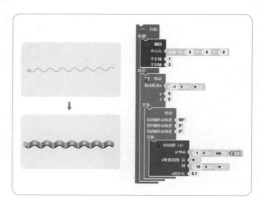

**3** 使用【扫掠】模块，将椭圆沿正弦 sin 曲线扫掠成实体模型。

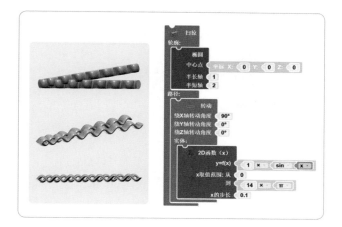

**4** 同理，再次使用【扫掠】模块，将复制修改过旋转参数后的新椭圆，沿正弦 sin 曲线扫掠成实体模型，2 个实体模型呈一定角度交错摆放。

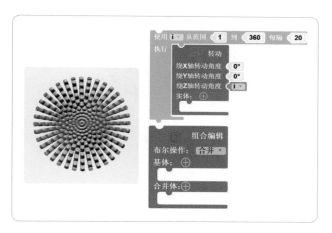

**5** 使用【组合编辑】模块，将 2 个呈波浪状的实体合并成一个整体，新建变量 i，然后让波浪状实体随着新设定变量 i 做 1°～360° 且间隔距离为 20mm 的圆形阵列。

## 创建环形编织物

**1** 使用【圆环体】模块，改变其参数，创建一个基本的圆环体。

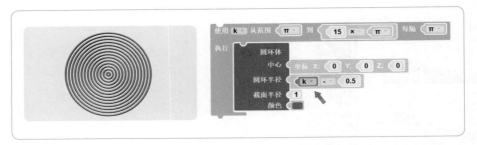

**2**　创建一个项目，设变量 k，使 k 的范围在 π～15π，且间隔为 π，让圆环体沿 k 值范围向外做阵列，复制多组圆环体。

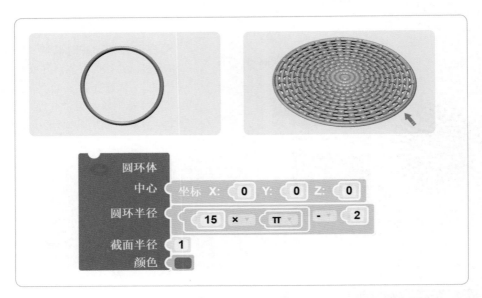

**3**　使用【圆环体】模块，改变其参数，创建一个基本的圆环体，随即完成作品。

　　　　　"编织的宇宙"为程序建模初学阶段的首个案例作品，可以从案例中感受到变量和曲线方程在建模过程中的作用，同时对基本实体模块的编程语言有所了解，为后面难度更高的学习打下基础。

难度指数 ★★

扫码看视频讲解

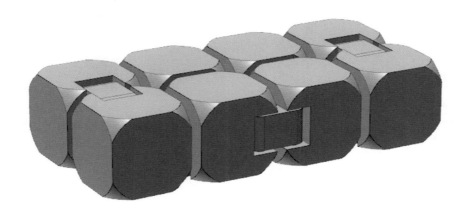

　　"无限反转"这个作品很好地将三维建模与编程建模结合起来，让创作者仅通过参数的略微改动，就能反复体验模型的变化。另外，学习制作本作品，对于学习数学理论知识会有很大的帮助，特别是几何相关的知识。

# 程序全景图

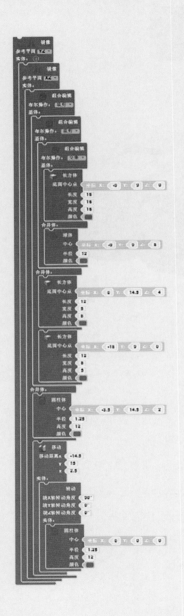

## 创建基本几何体

使用【长方体】和【球体】模块，改变其基本物理参数，完成基本几何体的创建。

## 创建反转轴凹槽

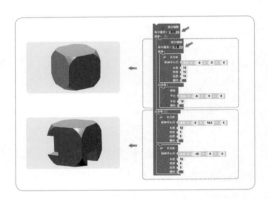

**1** 使用【组合编辑】模块，让【球体】减去【立方体】，形成圆角立方体。

**2** 再次使用【组合编辑】模块，让圆角立方体减去2个新建【立方体】，为作品提供衔接处的接口。

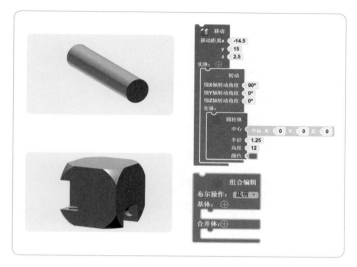

**3** 使用【圆柱体】模块，改变其物理属性，完成基本几何体的创建。

**4** 使用【组合编辑】模块，让圆角立方体与【圆柱体】做减法，形成反转轴凹槽。

## 镜像相应对接部分

分别在圆角立方体反转轴两侧使用【镜像】模块，创建相同的圆角立方体。

### 创建衔接关节

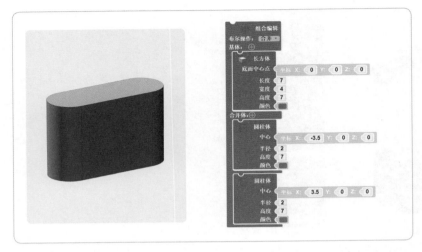

**1** 分别在新建的【长方体】两侧创建【圆柱体】模块，使用【组合编辑】模块，将三者合并为一个整体。

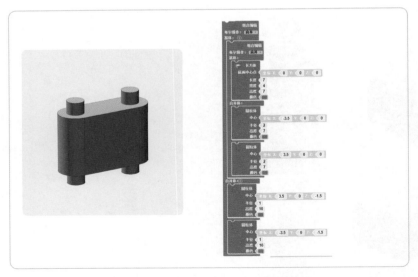

**2** 使用【组合编辑】连接两个新建的【圆柱体】，作为圆角立方体之间的旋转轴。

## 复制多个连接模块

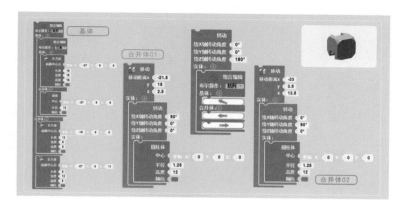

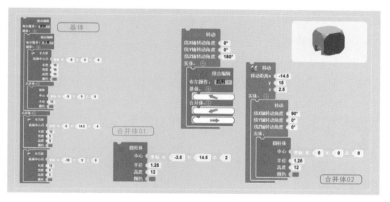

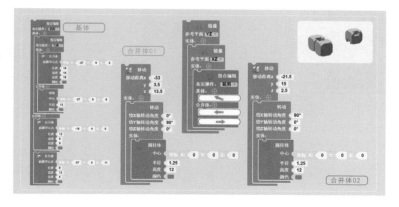

1 复制多组圆角立方体，注意各自物理属性的变化。

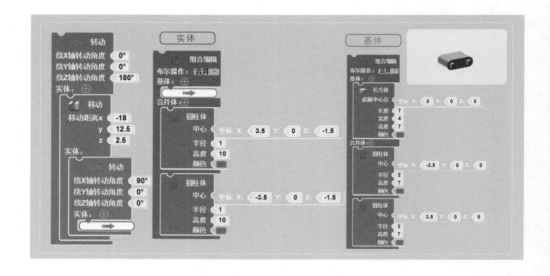

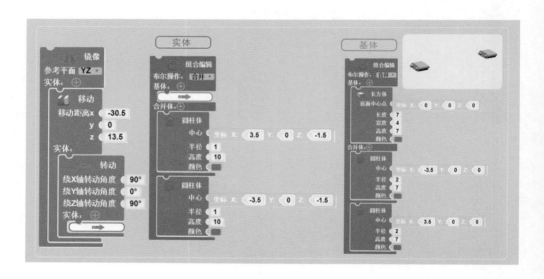

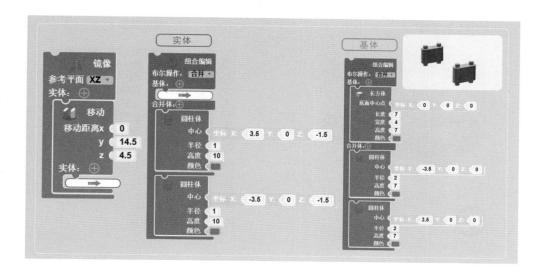

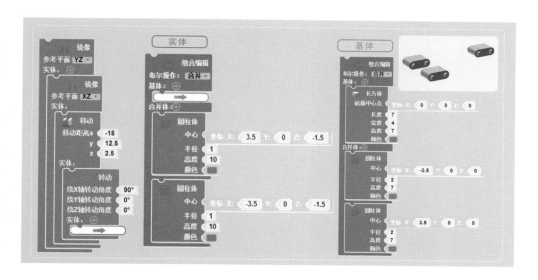

2 复制多组连接块，注意参数变化。

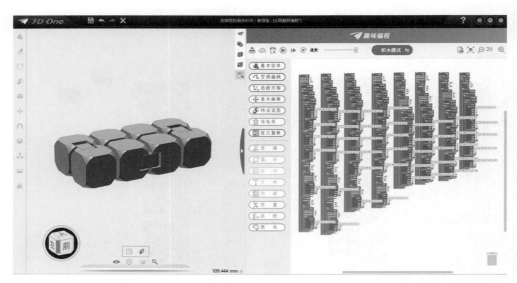

3 完成最终作品。

看似复杂的建模过程，实际上仅仅是不断复制基本实体和重复操作。

通过完成本作品，创作者可以体会到程序建模的复杂，同时也能体会模型自动创建起来的喜悦。在潜移默化间，提高创作者的耐心，增加左脑逻辑思维和右脑创意思维的高效交互。

难度指数 ★ ★ ★

扫码看视频讲解

"斜拉桥"

作品分析

　　使用 3D One 设计软件编程模块完成"空中走廊"作品的挑战性较高，不仅需要设计者理解每一个编程模块背后的含义，灵活应用数学函数公式，还要对软件实体设计命令很熟练，其中每一个数字和公式都需要认真计算才能够得出最后的结果，稍有疏忽，其呈现效果会大相径庭。

# 程序全景图

## 第一阶段

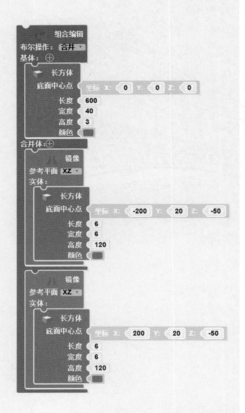

### 创建桥面与支柱

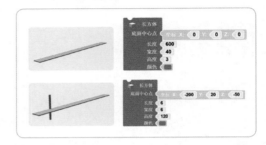

**1** 改变【长方体】的长、宽、高和位置等参数创建桥面和支柱。

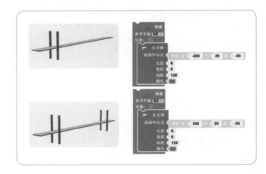

**2** 使用【镜像】命令，将桥体支柱做对称复制。

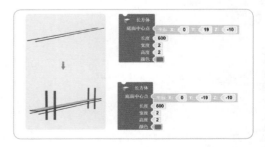

**3** 新建【长方体】，创建桥面下方桁架结构。

## 创建斜拉吊索

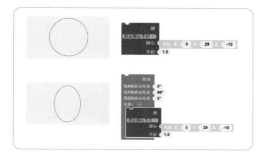

**1** 修改【圆】的圆心和半径参数，为柱形曲线吊索提供截面轮廓。

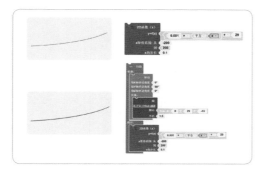

**2** 利用【2D 函数】的曲线，为柱形曲线吊索提供路径。

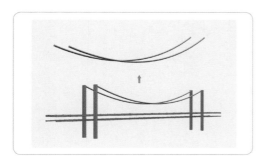

**3** 使用【扫掠】命令，将圆沿着 2D 函数曲线扫掠成体，镜像后再对其位置和旋转进行参数化调整。

# 程序全景图

## 第二阶段

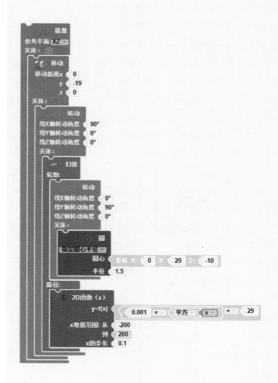

# 程序全景图

## 第三阶段（一）

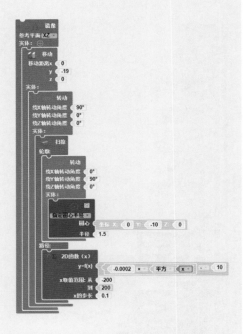

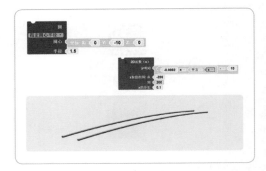

**1** 复制"第二阶段"模块，修改【圆】和【2D 函数】参数，创建桥底桁架支撑梁。

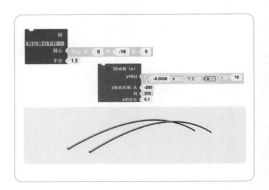

**2** 同理，再次复制"第二阶段"模块，修改【圆】和【2D 函数】参数，创建桥底桁架支撑梁。

创建桥底桁架结构

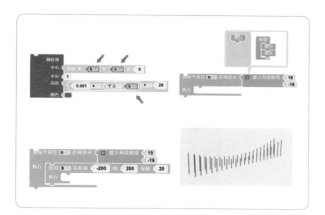

**3** 预创建一组沿桥底面承重梁曲线排列，并且能够自动伸缩的支撑梁，可先创建一个【圆柱体】，满足一条曲线方程的排列，设方程变量定义为 n 和 k。

**4** n 值规定圆柱体沿桥面左右对称，k 值规定圆柱体在一定范围内（−200～200）排列，且间隔距离为 20mm。

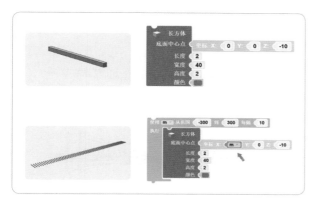

**5** 创建桥底面横向短支撑梁，规定短梁沿 X 轴呈直线排列，令其为变量 m，m 值为一条直线方程，范围规定为 −300～300，且间隔为 10mm。

## 程序全景图

### 第三阶段（二）

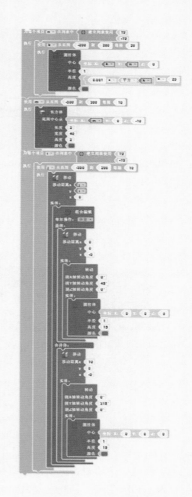

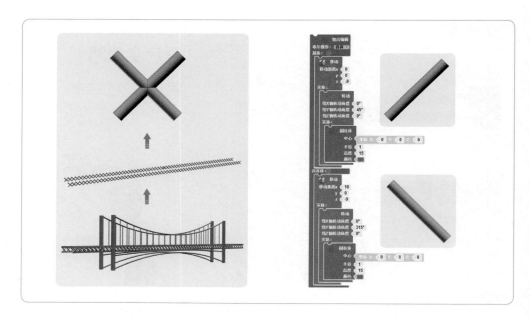

6 创建桥底面交叉短支撑梁，规定每一个交叉结构均由 2 个圆柱体合并而来。

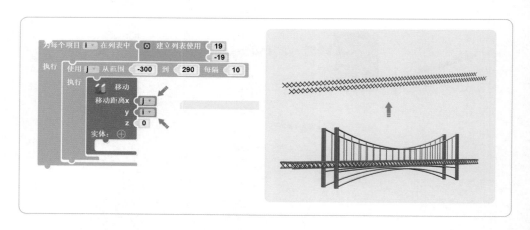

7 新建一个项目，重新设定变量 i 和 j，i 值表示交叉结构沿桥面左右对称，j 值表示范围规定为 −300～290，且间隔为 10mm。

## 程序全景图

### 第三阶段（三）

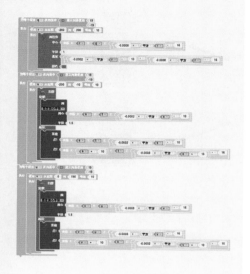

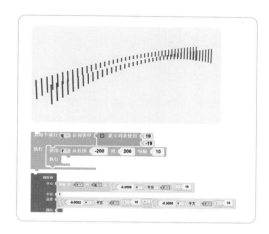

**8** 同理，新建一个项目，重新设定变量 q 和 r，q 值表示交叉结构沿桥面左右对称，r 值表示范围规定为 -200～200，且间隔为 10mm。

**9** 新建一个圆柱体，其圆心位置随变量 q 和 r 值变化，圆柱体高度则遵循带有变量 q 和 r 值的一元二次曲线方程缩放和排列。

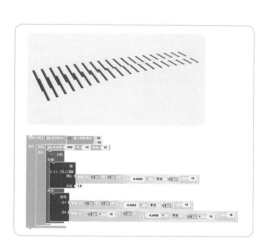

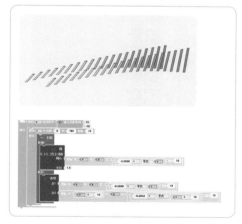

**10** 同理，新建一个项目，重新设定变量 t 和 s，t 值表示交叉结构沿桥面左右对称，s 值表示范围规定为 -200～-10，且间隔为 10mm。

**11** 同理，新建一个项目，重新设定变量 u 和 v，u 值表示交叉结构沿桥面左右对称，v 值表示范围规定为 0～190，且间隔为 10mm。

注意：步骤 7 和步骤 8 是以桥面左右对称的支撑柱，除变量取值范围有变化，其圆心和直线坐标所满足的曲线方程均发生改变。

# 程序全景图

## 第四阶段（一）

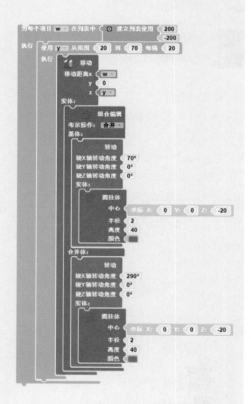

## 创建桥面上方牵引钢索

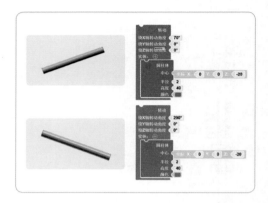

**1** 分别新建 2 个独立的圆柱体，修改其参数，使之成为倾斜的独立结构。

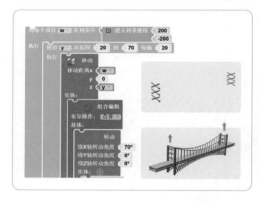

**2** 同上，新建一个项目，重新设定变量 w 和 y，w 值表示交叉结构沿桥面左右对称，y 值表示范围规定为 20～70，且间隔为 20mm。

**3** 使用【组合编辑】模块，将 2 个圆柱体合并成为交叉结构实体。

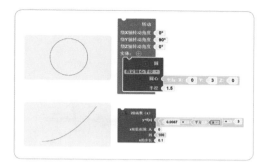

**4** 使用【圆】和【2D 函数】模块，修改其参数，为斜拉桥创建的两根支撑柱牵引线创建扫掠的基本元素。

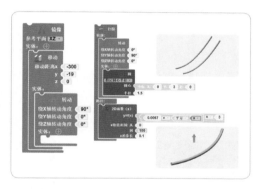

**5** 再次使用【扫掠】和【镜像】来完成桥的一侧吊索。

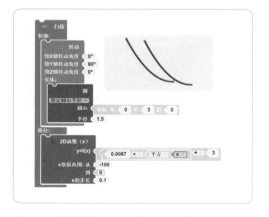

**6** 同理，复制步骤 4 和步骤 5 操作，修改参数后，完成桥的另一侧吊索。

# 程序全景图

## 第四阶段（二）

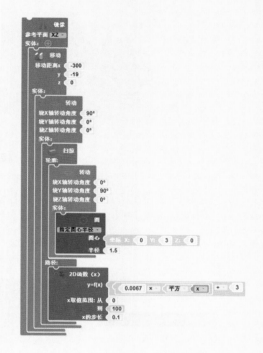

创建环境

模型全景图

**1** 可使用【实体建模】中的【基本实体】-【六面体】工具,绘制一个足够大的场景区域,再利用【特征造型】-【由指定点开始变形实体】工具,拖拽长方体表面多个点,塑造山峰与沟壑。

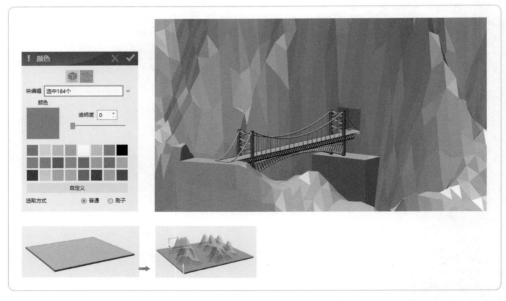

**2** 可使用【颜色】-【块颜色】工具,给指定区域山体表面三角形面片进行着色,可通过鼠标点选或框选模式选择三角面片。

毫不夸张地说，"空中走廊"作品是本书最难的部分，要求创作者既要懂得每一个程序参数背后的含义，也要对之前实体建模的工具有足够多的了解，才能有效地将两者结合起来使用。

为方便读者理解，特将"空中走廊"中使用到的模块进行了如下分类。

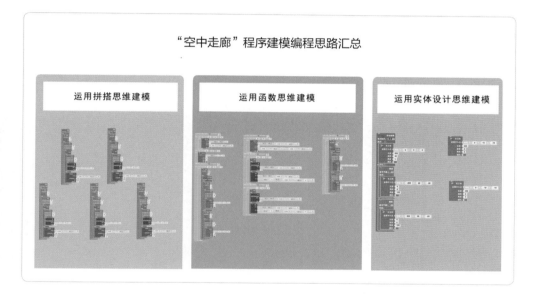

相信经过前面基础内容的学习，以及三个难度递增的案例作品训练，读者完全有能力开始深入理解程序建模，从而原创出更为精彩的作品。当然，如果有 Python 编程基础的设计者，也可以尝试使用高级编码工具来完成更富有挑战的作品。

part
3

造物与
呈现

# 作品的呈现
# 与表达

## 6.1 三维渲染

### 6.1.1 三维渲染介绍

"三维渲染"是三维作品展示环节中的一道工序，其目的是希望屏幕以图片或动画的形式来呈现三维空间中的模型，因此需要通过计算机来模拟真实世界中的场景，如为三维素模指定材质和贴图，设定环境、光照与阴影，调节相机角度与镜头，以及预设图片或动画参数等。

如今计算机硬件技术得到了迅速发展，三维渲染可以相对轻松地模拟出真实物理世界的光照、色彩等状态，从而轻松实现"写实级别"的静态或动态视觉效果，因此为设计师们提供了良好的数字工具，为他们创造出精致作品提供了极大的便利。从某种程度上来说，三维渲染极大地缩小了设计师与非专业人员之间的交流成本，大大提高精品作品的产出数量和效率。

### 6.1.2 作品渲染四要素

在三维渲染环节中，影响作品终极呈现效果的 4 个重要因素，分别是材质、光照、相机和渲染器。为方便读者逐一对其进行认识和使用，三维设计软件的渲染模块通常会单独将其进行模块化的区分。尽管在不同软件中的模块位置与顺序有所差异，但是按照软件自身一定的操作顺序，最终效果则可以接近统一。

下面先来认识一下三维渲染模块的操作流程。

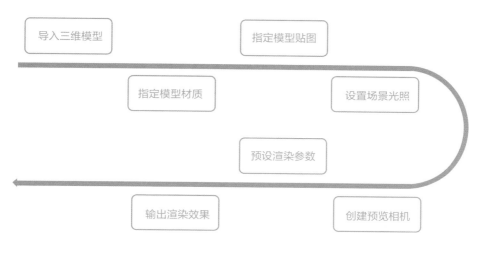

三维渲染操作流程

### 6.1.3 材质

材质是直接区分一种物体与另一种物体属性最直接的表现，包括物体本身的色泽、纹理、质地、光滑度、是否发光、透光等。计算机在为三维模型模拟相应属性的过程中，都会将这些内容作为计算的对象，并通过一系列复杂的数学算法，一一进行相关的数据匹配和计算，而作品所呈现出来的最终效果则是众多参数综合计算后的结果。

为方便理解，通常可将三维渲染的物体材质分成两类，一类表现物体自身属性，我们称其为物体的"材质"，如木制品、金属制品、塑料制品等，都是在围绕物体是由什么材料制成的；而另一种则单纯表现物体表面信息，这种信息可以是物体本身自带的纹理效果，如木制纹理的花纹，金属生锈变质的污垢等，也可以是其他贴图效果，如印花、贴画等。

### （1）物体材质

想要通过计算机来模拟三维模型的材质，仅依靠改变颜色是绝对不够的，这是一个模拟真实物理世界的过程，需要调节一系列的物体的属性参数，结合光影效果才能够实现。

在 KeyShot 三维渲染软件中，设计师可以通过【材质】模块中预设的分类，找到适合的材质球，将其直接拖拽到三维模型上即可。 要注意，KeyShot 软件中指定材质的模型必须是独立的零件或是实体，不能够单纯只为其某一个平面进行指定，这点与其他三维渲染软件（如 MAYA、Blender）是有所区别的。

KeyShot 三维渲染软件中，物体材质大体被分成 16 个子类，基本上囊括了当前工业设计领域中常见的材质。 由于软件中所用到的分类标签均为英文，为方便大家更好地理解和使用，以下对其进行对应的解释说明。

| 编号 | 英文名称 | 中文名称 |
| --- | --- | --- |
| 1 | Axalta Paint | 高性能涂料 |
| 2 | Cloth and Leather | 布料与皮革 |
| 3 | Gem stones | 宝石 |
| 4 | Glass | 玻璃 |
| 5 | Interior | 打底材质 |
| 6 | Light | 自发光 |
| 7 | Liquids | 液体 |
| 8 | Metal | 金属材质 |
| 9 | Miscellaneous | 混合材质 |
| 10 | Mold-Tech | 凹凸纹理材质 |
| 11 | Paint | 普通涂料 |
| 12 | Plastic | 塑料 |
| 13 | Stone | 石制效果 |
| 14 | Toon | 卡通效果 |
| 15 | Translucent | 半透明效果 |
| 16 | Wood | 木制效果 |

　　如果 KeyShot 三维渲染软件中默认给出的材质分类无法满足设计者对作品的预期效果时，可对物体参数做进一步调节。于屏幕右侧【属性编辑器】中，寻找相关参数，改变数值即可，屏幕中实时渲染则会迅速呈现效果。

　　这里以【塑料】-【柔软型】为例，仅通过【粗糙度】和【折射指数】两个参数的调节，就可以显示出明显的差异。因此，想要调节出理想的渲染效果，就需要经过不断尝试，组合各种不同参数的数值，这也是为什么在实际工作中会存在专门的与三维渲染工作相关的岗位的原因。

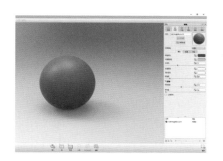

## （2）纹理贴图

如果想要让三维模型作品看起来更加写实，或者外表看起来的细节更加丰富、细腻，就需要为物体表面添加一组或多组纹理贴图。为达到模拟真实物体的效果，通常设计师会使用经过修图软件改良后的真实物理图片作为贴图，或直接手绘贴图纹理的图片。

在 KeyShot 三维渲染软件中，可以通过【纹理】模块对物体指定纹理贴图。操作起来也很简单，只需要将理想的贴图素材导入软件素材库中，使用鼠标直接拖拽到模型表面即可。

KeyShot 三维渲染软件将物体贴图分成 9 种类型，基本上囊括了生产与生活中常见的纹理样式，设计者可以任意调取。如需使用，通过【导入】添加新的贴图即可。

由于软件中所用到的分类标签均为英文，以下对其进行对照说明。

| 编号 | 英文名称 | 中文名称 |
| --- | --- | --- |
| 1 | Testures | 纹理 |
| 2 | Bump Maps | 凹凸贴图 |
| 3 | Color Maps | 色彩贴图 |
| 4 | Gradients | 梯度渐变 |
| 5 | Labels | 标签 |
| 6 | Mold-Tech | 凹凸纹理 |
| 7 | Opacity Maps | 透明度 |
| 8 | Specular Maps | 高光贴图 |
| 9 | Wood | 木制效果 |

　　纹理贴图的图片信息通常会以"灰度图"的方式形成通道（即"蒙版"或"遮罩"），依据原图中的明暗分布，形成特定的选区，直接控制诸如"漫反射""高光""凹凸"或者"不透明度"等元素，就可以形成特定效果。

　　下面以木制材质为例，来演示纹理贴图控制通道的效果。

漫反射

高光

凹凸

不透明度

漫反射：相当于物体表面的颜色，模拟真实物理世界光照的散射效果。

高光：只影响物体表面高光位置的颜色与反射效果，不影响整体。

凹凸：不影响物体表面的颜色与反射，只通过贴图控制物体表面的起伏。

不透明度：不影响物体表面的颜色与反射，只通过贴图控制物体透明程度。

## 6.1.4 光照与环境

影响三维软件渲染的第二大要素就是光照，因为计算机在模拟真实物理世界时，物体经光照反射后进入人眼，我们才能够分辨出物体的颜色、材质等信息，而光线的强弱会直接影响到人们观察物体的效果。

在 KeyShot 三维渲染软件中，要想调整光照具体参数，可在软件界面上方【菜单栏】中或右侧【属性栏】中找到【环境】与【照明】模块。使用时可以在左侧【工具栏】中选择已经模拟好的环境光照，直接拖拽至操作界面即可。

其实【环境】和【照明】模块的原理很简单，即计算机识别某一类场景的图片信息，并自动合成一张球形图片（或被称为 HDR 球），以图片为光源，映射在三维场景中的每一个模型上，从而影响物体的反射、折射。这种通过图片映射方式制造的环境光包含很多信息，如天空的渐变色、海面或湖面的波浪等，这些信息都可以通过物体的表面反射呈现出来，从而模拟出更加逼真的效果。

### （1）环境

KeyShot 三维渲染软件与其他拥有渲染功能的软件相比较，极大地删减了可调节参数信息的数量，使用者可以直接使用封装好的渲染工具，修改参数即可实时呈现效果。

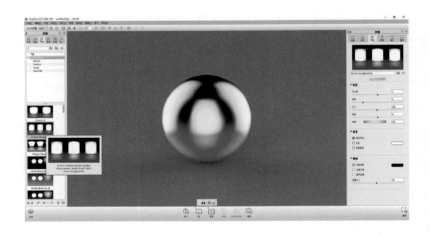

在 KeyShot 三维渲染软件中,【环境】光照模块被分为 4 种类型:室内环境光（Interior）、室外环境光（Outdoor）、模拟棚拍效果（Studio）和纯自然光（Sun&Sky）。

室内光

室外光

棚拍光

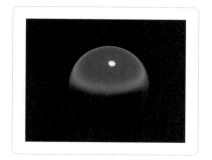

自然光

小提示:在 KeyShot 软件中,可使用 Ctrl+ 鼠标左键平移的方式来转动 HDR 球形图片,影响光照物体的角度。

### （2）照明

在 KeyShot 三维渲染软件中,【照明】模块主要是对物体反射、折射等信息"采样值"进行计算，"采样值"高意味着物体反射、折射等表现程度就会高，计算机的运算量也会很大，实时渲染的过程就会相对较长，反之，"采样值"越低，物体的反射、折射等信息的表现程度也就越低，计算机运算量和运算时长也会相应减少。

KeyShot 软件中，表现【照明】"采样值"的参数被描述成【性能模式】【基本】【产品】【室内】【完全模拟】【自定义】6 个小类别，可在软件界面右侧【属性栏】–【照明】相应位置中找到。通过勾选对应模式，对其下方【设置】中的参数进行调整，即可实时观察到渲染效果。

基本照明模式　　　　　　　　　　　　　完全模拟照明模式

通过上图对比可知，从实时渲染效果上来看，物体"高光"和"阴影"部分会比较突出，"基本"照明模式相对边缘过渡比较硬朗，使得球体带有硬料物体的质感，而"完全模拟"则更接近于室内环境光的效果，过渡较为柔和，阴影处也会出现物体的红色反射（通常被称为"溢色现象"），作品最终呈现出来的也更加自然。

如果设计师想要表现更加细腻或是写实的效果，也可以结合更多参数的调节，如【属性栏】中的【射线反弹】【间接反弹】【阴影质量】等进行设置。

### 6.1.5 相机

在 KeyShot 三维渲染软件中，可通过软件界面实时观察到物体的渲染效果，但是这种效果很难固定下来，或者因物体的位移或旋转的改变而无法被找回，这就需要创建一个虚拟相机，通过对相机位移、旋转等参数的确定，来实现特定视角的记录。

创建相机还有其他优势，如可以模拟真实相机的焦距，来实现特殊的虚焦、缩放、创造特殊光晕等效果。

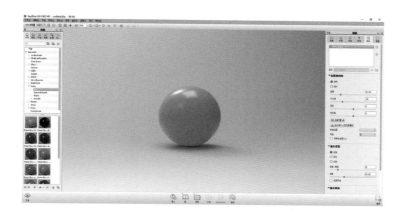

如上图所示，通过使用【属性栏】-【位置与方向】-【距离】等操作，对默认相机与物体之间距离进行设置，实现对物体观察的缩放效果。其他参数也可以实现相应的结果，不妨试着调节一下。

## 6.1.6 渲染器

"渲染器"是指在已指定三维模型的材质、贴图和光照等信息后，将相机所观察到的三维模型生成图片或视频等的一种算法工具，"渲染器"参数的调节，直接关系到作品最终的呈现效果。

渲染器在 KeyShot 三维渲染软件中被命名为【图像】，可在软件界面右侧【属性栏】-【图像】中找到。

KeyShot 软件的【图像】信息

通常情况下，KeyShot 软件中，有 3 个参数会直接影响到作品渲染输出的最终效果，分别是【分辨率】【调节】和【特效】。

【分辨率】是指能够直接影响渲染输出画幅大小的工具，分辨率越大，输出作品的清晰度也就越高，当然作品的信息存储量也就会越大。

【调节】中的参数可以改变输出作品的亮度与对比度，控制最终画面的明暗效果。

【特效】中存在几个特殊的控制命令，如 "Bloom" 就可以生成并控制光晕效果，从而使得输出的作品样式更加丰富。

当确认需要渲染输出的作品之后，点击软件界面底部【属性栏】-【渲染】，还需要设定最终图片或视频的存储路径、存储格式的信息，然后点击【渲染】，软件就会进入自动渲染状态，等待一段时间即可完成。最后可在之前设置好的存储路径中查找到渲染输出后的作品。

KeyShot 软件【渲染】操作

## 6.2 动画预演

### 6.2.1 三维动画介绍

本书中所指的"三维动画",其实质是将软件中的三维模型或零件,在时间轴上进行位移、旋转、缩放等物体属性调节的可视化呈现,点击自动播放按钮,软件将自动播放标记过物体关键帧运动的轨迹。

注意:动画的播放顺序完全基于物体在时间轴上摆放的前后顺序。

之所以在本书中加入对三维动画的介绍,是希望读者在进行创作设计的过程中,形成对作品更多形式表现的意识,知道除静态图片展示外,也可以使用三维动画来展示。

### 6.2.2 动画的分类

三维动画一般可以分成两大类:一类主要包括机械工业零件的装配动画,解构复杂三维模型的装配关系时使用;另一类则更多适用于角色动画,实现角色的奔跑、跳跃等运动，表现故事情节，体现角色性格。

　　本书中所选择的 3D One 设计与 KeyShot 渲染软件，作为设计师快速入门的创作工具，属于工业设计或机械设计领域，因此不太容易实现角色动画，但可以完成对复杂零配件装配的动画。

### 6.2.3　装配动画制作流程

　　使用 KeyShot 三维渲染软件来制作装配动画，过程并不复杂，可参考如下内容。

**步骤 01** 激活【动画】模块，启动时间轴。

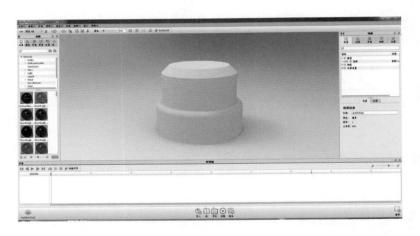

**步骤 02** 启动【动画向导】，选择动画类型。

**步骤 03** 指定三维模型或零件。

步骤 04 选择装配的方式，完成装配动画。

预渲染过程图示

## 6.3 实例教学

难度指数 ★

扫码看视频讲解

电路爆炸图渲染动画

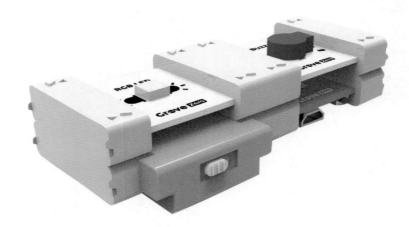

作品
分析

　　本案例主要表现三个环节：第一，如何从 3D One 设计软件中调出开源电子套件模型；第二，如何将模型从 3D One 导入至 3D One Plus 后启动 KeyShot；第三，在 KeyShot 渲染软件中，如何给模型指定材质并创建爆炸动画。

## 提取三维模型素材

在 3D One 设计软件中，将开源电子套件模型提取出来。

说明：为方便起见，本书选择 3D One 软件中自带的"柴火"电子套件模型。

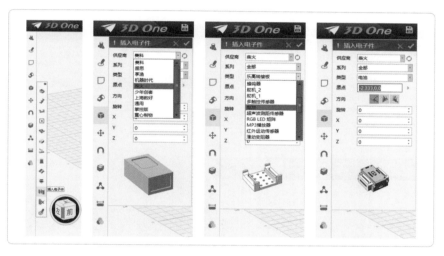

1 选择【特殊功能】-【插入电子件】命令，下载更新后，即可实现相应模型的提取与应用。

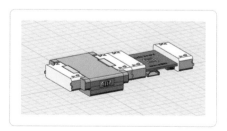
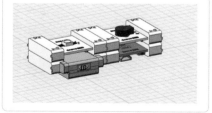

2 执行【3D One】-【导出】命令，将模型中每一个零部件分别进行导出操作。

说明：这样做可以在 KeyShot 软件中为每一个独立的零件着色。

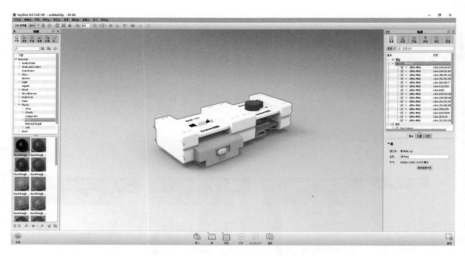

打开 3D One Plus 软件，启动 KeyShot 软件，分别导入电子件模型。

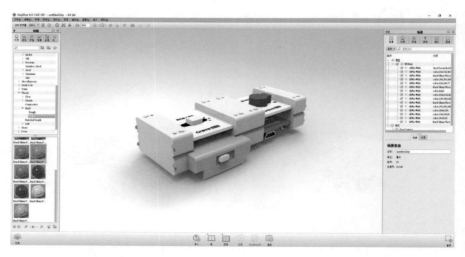

1 为每个独立零件模型指定材质。

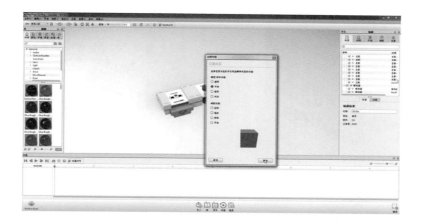

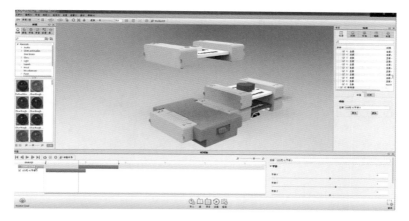

2 在时间轴上为每一个零件模型设置基本物理参数，创建爆炸动画。

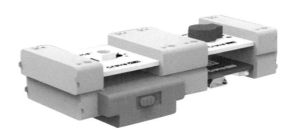

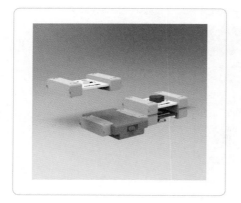 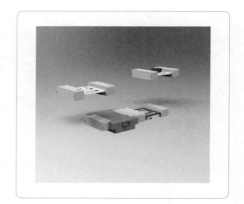

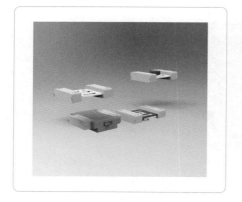 

点击【渲染】命令，完成动画渲染工作。

　　这个案例制作起来并不复杂。在 KeyShot 三维渲染软件中指定材质会是一件比较繁琐的工作，由于模型细节非常多，需要分清楚不同电子模块结构件，才能够完成准确。当然想要让作品看起来顺眼，就要适当调动美术能力对其进行色彩上的搭配。

难度指数 ★★

扫码看视频讲解

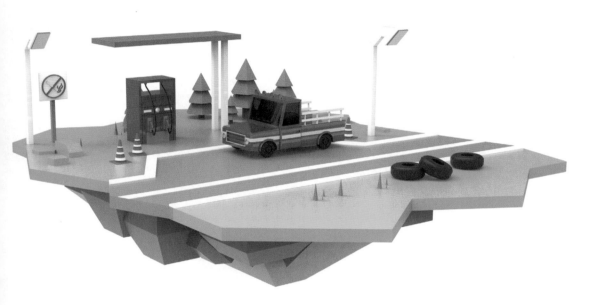

作品分析

"秋天里的记忆"这个作品接近于角色动画的制作，需要创作者为场景中每一个模型零件着色，同时为需要进行动作的零件设置关键帧动作，以便形成动画效果。

## 素材添加导入

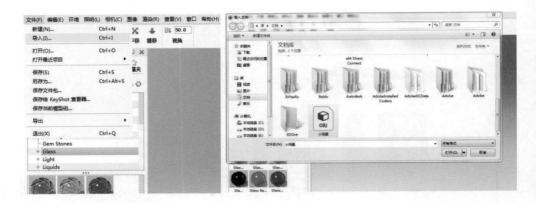

**1** 打开 3D One Plus 软件，启动 KeyShot 渲染软件，选择【文件】-【导入】，将之前在 3D One 设计软件中创作的"社区加油站"（第 3 章案例）文件导入 KeyShot 软件中。

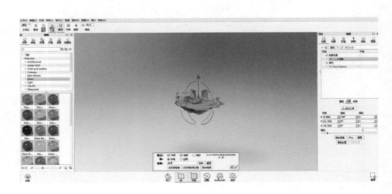

**2** 在弹出的预设参数列表中，选择【向上】并指定【Z】轴。

**3** 进入 KeyShot 操作界面后，于右侧选中全部模型 -【移动工具】向上移动 -【✓】。

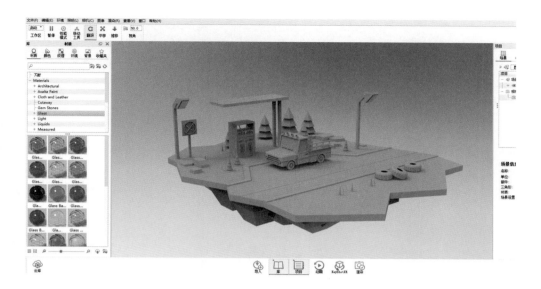

4 完成模型素材的导入工作。

## 原始文件初始化

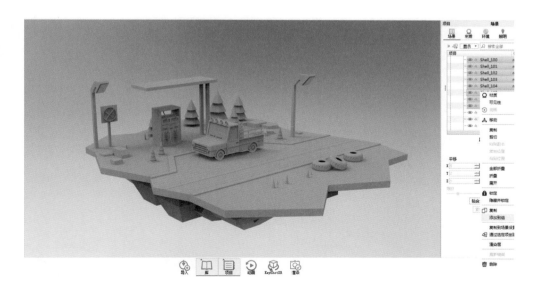

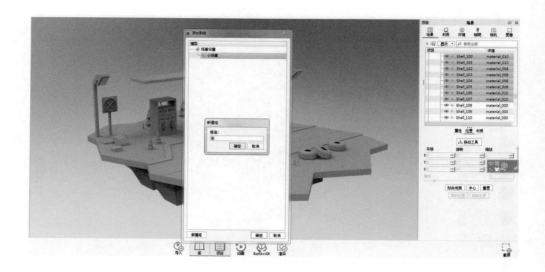

1 使用鼠标选中汽车的全部模型－【添加到组】－【新建】车。

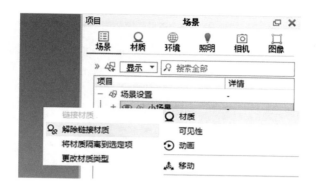

**2** 再次选中全部模型后，使用【解除链接材质】，完成原始素材的材质初始化工作。

## 为模型指定材质

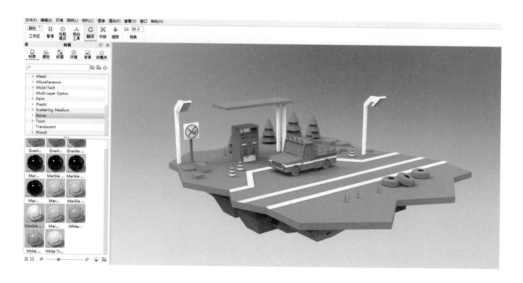

**1** 在左侧【材质】中选择适合的材质球，用鼠标拖拽至模型上即可。

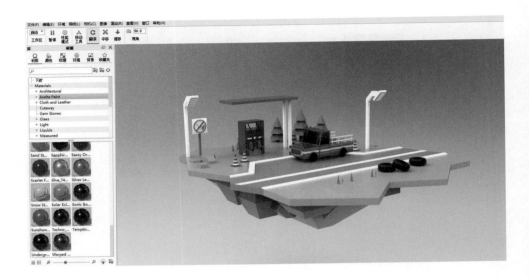

2 按住【Ctrl】拖拽鼠标左键可调整场景中的光线方向和强度。

## 创建场景小动画

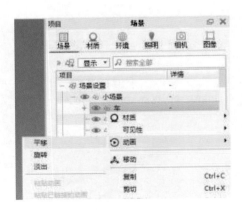

1 选中分组小车 – 点击【动画】–【平移】。

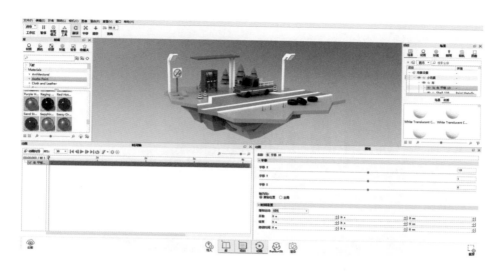

**2** 选择【平移】-【X】轴 - 移动距离 10，开始播放 -【轴方向】指定"原始位置"，【持续时间】6s，创建后的动画会循环播放，方便创作者进行及时微调。

**3** 对渲染输出的参数、格式进行设置后，可对最终作品进行渲染。

　　小提示：尽量不要一上来就进行大尺寸、高清晰度的作品渲染，这样既耗费时间，也不利于对作品及时进行细微调整。建议优先对作品进行小格式的动画预渲染（专业名词"Layout"），待满意之后，再进行输出。

**最终作品单帧静态展示**

　　"秋天里的记忆"没有复杂的操作，只要创作者拥有足够的细心和耐心，谨慎对待相机的摆放与模型各部分间的配色，就可以实现理想的效果。

第 7 章

# 实体造物

## 7.1 3D 打印增材制造

### 7.1.1 3D打印工作原理

所谓的"3D 打印"，实际上是通过改变材料自身属性，将固态的原材料高温熔化后层层堆积，遇冷凝结，从而再次回归常温固体状态的全过程。

早期的 3D 打印技术并非被称作"3D 打印"，而是因这种造物方式比传统制造加工形式更快速，因而被命名为"快速成形技术"。之所以更名为"3D 打印"，是与传统 2D 喷墨打印技术相比较的结果。3D 打印技术在造物过程中突破了纸张的平面二维空间（X 轴和 Y 轴）限制，向 Z 轴纵向空间进行了延展，同时造物过程中材料经喷嘴热熔挤出的过程与笔墨印在纸上的形式相仿，因此得以如此命名。

对刚刚接触 3D 打印技术的设计者们来说，可从数字模型的三维切片和 3D 打印制造两个部分对数字制造技术加以认识。前者属于计算机辅助设计领域，强调的是如何对数字模型进行结构上的拆分，将三维模型以参数化方式形成 3D 打印机可识别的运动路径，而后者则属于实体成形制造部分，着重通过编程方式来控制实物生产的各个环节，如喷头的温度、挤出量等，更好更快地实现造物结果。

### 7.1.2 3D打印工作流程

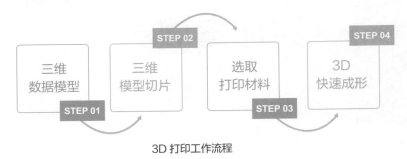

3D 打印工作流程

通常我们会从 3D One 三维设计软件中生成并导出三维切片软件（UP Studio）可识别的数字文件（桌面型 3D 打印通用 .stl 格式文件），之后通过对数字模型的切片分层处理，明确模型主体、支撑、底座等具体参数，确认 3D 打印材料的规格与熔点，最后就可以交由 3D 打印机来完成生产制造的后续工作了。

### 7.1.3 3D 打印造物步骤

当计算机使用数据线成功链接 3D 打印机时，三维切片软件 UP Studio 的工具栏会全部标亮显示。单击 初始化后，3D 打印机会开始自动进行检测，所有运动零件全部初始化，确认 3D 打印机安装材料后，单击 弹出制作面板，可调节【层片厚度】【填充方式】【质量】等参数，点击【打印】等待一段时间即可开始三维数据转化、传输、喷头预热及 3D 打印。

具体的操作步骤如下。

步骤 01 初始化 3D 打印机后，导入三维数字模型（.stl）格式文件。

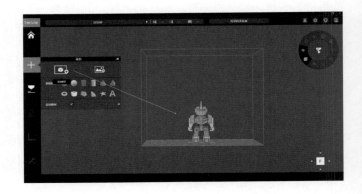

**步骤 02** 点击【打印设置】调节基本打印参数，首次制作可规定【层片厚度】0.3mm，填充方式15%，【质量】为默认，勾选【非实体模型】，点击双箭头拓展设置面板，勾选【易于剥离】即可。

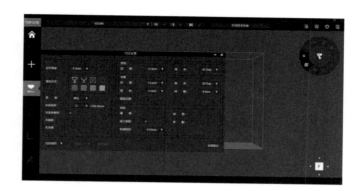

**步骤 03** 点击【打印预览】可事先知晓制作时长及所用材料情况。图中蓝色部分为模型主体，橙色部分为所需要的支撑结构，橙红色部分为底座。确认无误后可【退出预览】，返回参数面板后，

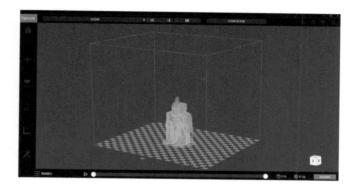

点击【打印】即可进行 3D 打印制作环节。

**步骤 04** 经过一段时间的生产制作，将已经 3D 打印制作完成的模型从打印机平台上取出，使用扩口钳剥离支撑，完成制作。

3D 打印成形

手动剥离支撑

最终成形效果

### 7.1.4 核心参数讲解

完成第一个 3D 打印的作品后，创客设计者会对所拿到的作品提出更高且更为具体的要求，如：作品表面光洁度要更细腻，作品实体结构要更结实，尽可能节省生产制造的时间和材料等。如何实现这些具体的要求，一直是工程师不断追求和进步的方向。

下面通过【层片厚度】【填充方式】【质量】和【辅助支撑】四个方面对模型的切片工作展开讲解，这也是三维切片软件的核心功能。

#### （1）层片厚度

数字模型的分层切片工作是 3D 打印最为关键的一环，直接影响到实体成形的质量与精度，因此对于分层切片工作要有一个完整的认识，有助于设计者有效呈现作品。

UP Studio 中有 6 种不同层片厚度，最精细的是 0.1mm，最粗糙的是 0.35mm，可以通过下图所示的打印作品进行对比。

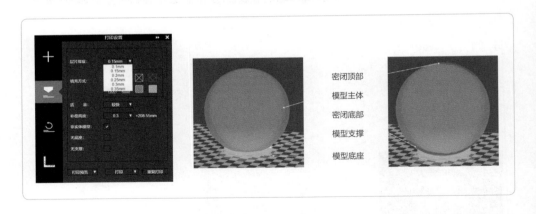

层片的厚度决定了堆积成形的精度，同等规格的模型，层厚细分越多，层片厚度越细微，打印成形的精度越高，成形所需要的时间也就越长，反之，层片厚度越宽，打印成形的精度就越低，成形所需时间也就越短。

0.1mm 层厚

0.35mm 层厚

　　为了能够让 3D 打印的作品表面更加光滑，特别是在制作外轮廓曲面作品时，尤其要注意【层片厚度】【质量】与【密闭】这 3 个参数。【密闭】指的是模型主体顶部和底部最外层轮廓的部分，大于 3 层都可以让外表面密封层看起来更细腻。

### （2）填充方式

　　【填充方式】通常控制着所制作实体模型的内部结构稳定性，同时也是优化打印模型所用材料多少和制作时间的重要参数。

　　UP Studio 中有 8 种不同填充方式，所谓填充方式就是说要 3D 打印的物体是空心还是实心，如果是空心，边缘是薄是厚，如果是实心，通过百分比来确认实心的程度。

　　【填充方式】决定着制作物体的总重量。空心自然比较轻，3D 打印制作的用时比较短；要是实心的话，百分比越高，成形的重量越重，成形的时间也就越长。

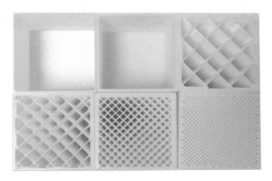

### （3）质量（喷头运动速度）

【质量】是控制 3D 打印机的喷头运动速度的参数，是优化 3D 打印制作时间的关键，同时此参数也是影响最终作品拐角连接处表面圆润程度的关键因素。

UP Studio 中有 4 种不同速度模式，【极快】意味着 3D 打印机喷头运动速度会明显提升，但是在打印制作过程的转角处就会出现叠层不实的效果，但是成形时长较短；反之，【较好】则是喷头运动速度非常缓慢，成形质量高，但时间较长。

### （4）辅助支撑

【支撑】是解决 3D 打印制作过程中模型悬空部分成形的关键参数，我们可以通过点开工具栏延展菜单进行调节，也可以通过 3D 轮盘进行调节。

UP Studio 延展菜单栏

支撑调节

3D 打印过程中，会有很多并不是模型主体的结构，但是在打印制作中却被制作出来了。这是因为它们都是支撑模型主体结构的支撑物。当成形过程结束时，需要手动去除这些支撑结构，才能得到最终的立体模型。支撑物设置的越多，成形的时间也就越长，有效设置支撑是一项很有意思的技术活。

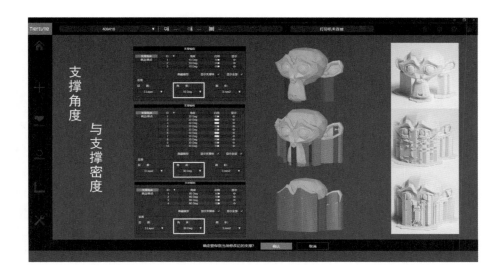

# 7.2 激光切割减材制造

## 7.2.1 激光切割工作原理

所谓的"激光切割",实际上是通过聚焦的高功率密度激光束照射物体,使被照射的材料迅速熔化、气化、烧蚀或达到燃点,同时借助与光束同轴的高速气流吹开熔融物质,从而实现将物体割开或雕刻纹理的效果。

作为刚刚接触激光切割技术的设计者来说,可以直接通过 Photoshop 和 Illustrator 这样的绘图软件,将普通的"位图"转化成"矢量图",再经 LaserCAD 等"套料软件",把图片的线段转换成激光切割机所能识别的机械路径,从而控制激光头对材料进行雕刻与切割。

常用激光切割的材料有奥松板、硬纸板和亚克力板。"奥松板"属于中密度的木制材料,价格便宜,容易获取;硬纸板较普通的 A4 纸来说,质地更硬,不易弯曲变形,且有一定的重量;而"亚克力板"则属于特殊的有机玻璃,不仅透明且有一定的强度。

在学习和应用激光切割机创作作品的过程中，创作者既可以将平面图案转变成2.5D形式的浮雕作品，也可以通过拼插和粘贴方式，将一片片独立的面板组装成一个拼插综合体。

以上这些制造方式都可以反映出创作者创意设计的思维逻辑，也可以反映出传统手工形式的机加工设计与制造向数字化自动机加工设计与制造过程的演变与升级。

### 7.2.2 激光切割工作流程

激光切割机操作流程

通常将需要创作的作品分成两类，一类是浮雕类作品，另一类是3D拼插类作品。

浮雕类作品从严格意义上来说并不属于3D作品，应该算作2.5D类作品，因此可使用Photoshop软件绘制并保存为图片格式（.jpg或.png），然后使用Illustrator或Coreldraw等软件，将点阵模式的图片格式转化成矢量格式的图片（.dwg），再使用LasterCAD"套料软件"转成激光切割机能够识别的路径格式（.dxf或.plt），即可驱动激光切割机进行雕刻或切割制作。

3D拼插类作品的做法则不同，一开始创建作品的时候会用到3D One设计软件进行三维模型的制作，随后通过3D One Cut软件对三维模型进行切片处理，完成的作品会呈现拼插结构，随后将所有拼插零件平铺在同一平面后导出成（.dxf或.plt）文件，便可直接使用LasterCAD软件驱动设备制作。

### 7.2.3 激光切割造物操作步骤

激光切割机既可以使用 USB 接口与计算机相连接，也可以通过 U 盘，将"套料软件"所生成的文件直接拷贝至设备中，然后启动激光切割机进行制作。

以下按照作品的类型，分别对于不同作品的制作进行详细讲解。

#### （1）浮雕类作品

浮雕类激光雕刻作品可以作为激光切割机使用的入门案例，此类作品可以体现出激光雕刻的精细度，也是很好的装饰物。

**步骤01** 准备一张窗花图案作为浮雕作品的模板。

**步骤02** 导入图片格式，转成图案路径，修改图案尺寸，并设置雕刻参数（功率、速度和雕刻步距等）。

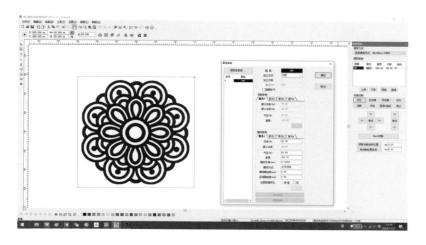

步骤 03 导入激光切割机进行激光雕刻制作。

激光雕刻过程中

步骤 04 完成雕刻制作，取出最终作品。

激光雕刻浮雕窗花案例作品

图案模板　　　　　　激光雕刻成品

说明："浮雕窗花"作品材料选用的是 3mm 奥松板。

### （2）堆叠类作品

堆叠类作品属于简单的激光切割作品，相当于将三维模型进行切片处理，通过 3D One Cut 软件，将其每一个面映射在底板上，再通过 LaserCAD 软件进行专业的修改与优化设置，便可进入激光切割机切割处理环节，而最终的作品则通过胶水黏结的方式形成整体。

说明：创建三维模型既可以在 3D One 设计软件中进行，再通过 3D One Cut 拾取并优化，也可以完全使用 3D One Cut 软件制作。

**步骤 01** 打开 3D One 设计软件，仿照"我的世界"中的"宝剑"绘制三维模型。

| 实体几何体拼搭 | 布尔运算 / 合并几何体 | 合并后的模型 |

**步骤 02** 打开 3D One Cut 软件，【打开】"宝剑"模型后，依照板材宽度进行设置，然后对模型进行切分，注意选择【线性】切割方式，【厚度】根据具体板材厚度进行修改，最后【另存为】.dxf 格式文件。

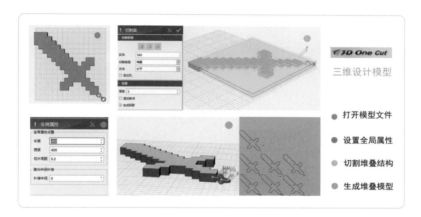

● 打开模型文件

● 设置全局属性

● 切割堆叠结构

● 生成堆叠模型

**步骤 03** 启动 LaseCAD 或用 U 盘拷贝文件至激光切割机处，进行切割制作。

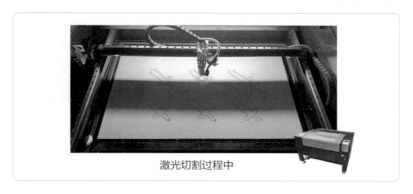

激光切割过程中

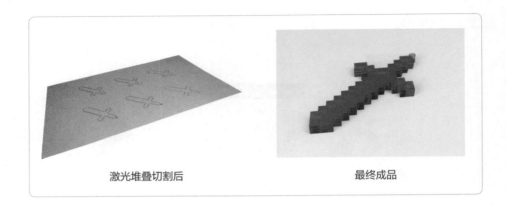

| 激光堆叠切割后 | 最终成品 |

说明："宝剑"作品材料选用的是 3mm 亚克力板。

### （3）拼插类作品

拼插类作品属于进阶型激光切割作品，相当于将三维模型进行切片处理，通过 3D One Cut 软件，将其每一个面映射在底板上，再通过 LaserCAD 软件进行专业的修改与优化设置，便可进入激光切割机切割处理环节，而最终的作品则需要通过胶水，借助拼插凹槽形成整体。

步骤 01 打开 3D One 设计软件，绘制"花瓶"三维模型。

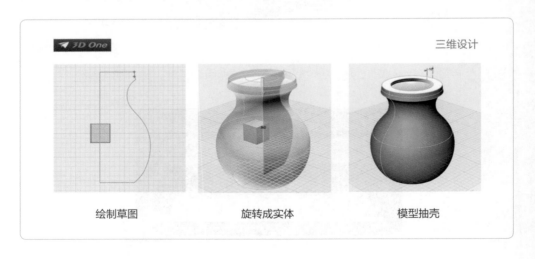

| 绘制草图 | 旋转成实体 | 模型抽壳 |

步骤 02 打开 3D One Cut 软件,【打开】"花瓶"模型后,依照板材宽度进行设置,然后对模型进行切分,注意选择【圆形】切割方式,【厚度】根据具体板材厚度进行修改,最后【另存为】.dxf 格式文件。

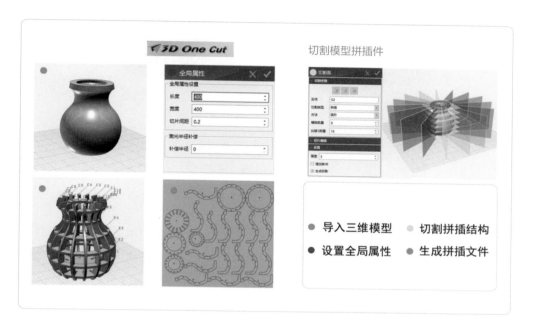

步骤 03 启动 LaseCAD 或用 U 盘拷贝文件至激光切割机处,进行切割制作。

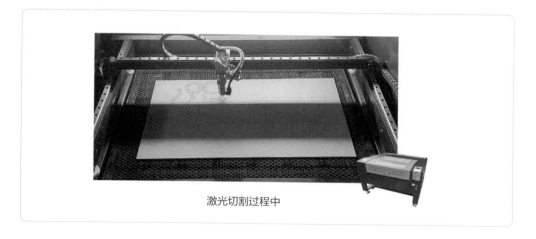

激光切割过程中

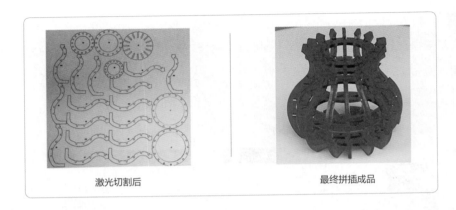

激光切割后　　　　　　　　　　　最终拼插成品

说明："拼插花品"作品材料选用的是 3mm 亚克力板。

### 7.2.4 核心参数讲解

当完成第一个激光切割作品后，设计者会对所拿到的作品提出更高且更为具体的创作要求，特别是当脱离教程，独立完成作品的时候，会遇到诸如：激光雕刻的作品纹理不清晰、蜂窝板反射、切割物体粘连或烧焦等问题，以下通过四个方面的介绍，来帮助设计者深入认识激光雕刻与切割的原理，从而为得到更满意的作品提供必要的专业技术积累。

#### （1）激光功率

激光切割与雕刻前，对激光功率大小的调节是最为关键的一环，直接影响到最终作品的质量与呈现效果。

设计师可双击 LaserCAD 右侧【控制面板】，在弹出的参数面板中找到【最大功率】和【最小功率】。

【最大功率】：通常表现为激光雕刻或切割过程中，激光头沿直线运动的平均功率。

【最小功率】：表现为激光头沿转角处的平均功率。

说明：激光头在运行过程中并非始终保持一个功率在运转。

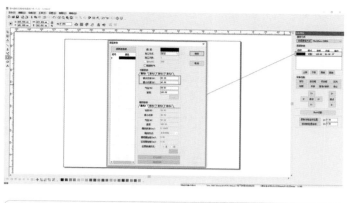

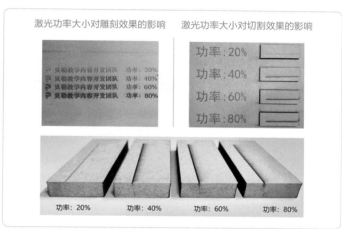

通过最终成形效果的对比可知，激光功率大小直接影响最终作品雕刻呈现是否清晰，切割是否能够切断材料等状态，因此，在进行制作前，需要优先测试制作的样品，以减少不必要的时间和材料的浪费。

在所有影响激光雕刻或切割的重要参数中，建议优先选择调节激光功率的参数，因为较其他参数而言，功率大小与最终呈现效果会更容易识别与控制。

### （2）激光头运动速度

激光头运动速度的快慢是另一个严重影响激光雕刻与切割最终作品优劣的重要因素，需要特别引起重视。

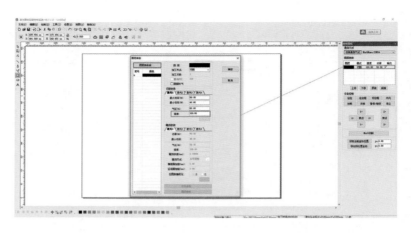

激光头运动速度对雕刻效果的影响　激光头运动速度对切割效果的影响

速度：500mm/s

速度：100mm/s

速度：20mm/s

速度：5mm/s

速度：500mm/s　　速度：100mm/s

通过最终成形图片效果的对比可知，激光头运动速度的快慢也可以影响激光雕刻与切割材料的深度。 激光头运动速度越快，雕刻效果越浅，越有可能造成切割材料无法断开的状况发生，而激光头运动速度越慢，雕刻效果越深，可能出现雕刻材料边缘焦糊的现象。

最终作品所选取的材料如果更厚，如亚克力板，可适当降低激光头运动的速度，在相同功率的情况下，会对雕刻或切割产生更明显的效果，而选取相对薄的材料进行制作，如硬纸壳，则需要加快激光头运动的速度，减少激光过度聚焦在材料上而造成焦糊等情况的发生。

### （3）激光切割焦距

在进行激光切割过程中，激光光斑直径的大小将会影响到最终作品的优劣，因此需要特别引起关注。

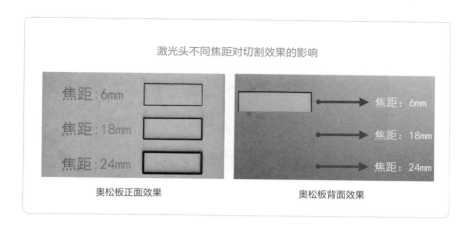

经对比可知，激光头焦距会直接影响到雕刻的深浅或材料是否被断开，但是对于切割的影响并不是很大，大光斑可能会造成材料边缘出现焦糊的现象。

### （4）激光雕刻步距

在进行激光雕刻过程中，雕刻作品的行间距的远近是影响最终作品优劣的重要因素，需要特别引起重视。当激活作品图层参数面板后，注意确认【加工方式】为【雕刻】模式，再对【雕刻参数】-【雕刻步距(mm)】进行调节。

激光头不同步距对雕刻效果的影响

　　通过最终成形图片效果对比可知，激光雕刻步距的大小也可以影响雕刻的深度，激光头步距过大时，雕刻深度效果越浅，可能会出现雕刻线段断开等情况，而激光头步距过小时，则会出现雕刻边缘焦糊等状况。

　　一般建议使用者在应用雕刻步距时，将参数调整在 0.1～0.05mm 之间。

# 7.3 手办翻模与等材制造

## 7.3.1 翻模制作原理

　　传统生产工艺过程中有一种经常被用到的方式，那就是"翻模"。"翻模"是指通过液体材料注入模具，待其彻底固化后取出，从而创建新物体的过程。从某种程度上来说，与3D打印增材制造和雕刻切割技术的减材制造相比较，翻模工艺相当于"等材制造"，即将某种材料"复制"多个相同物体的过程。

## 7.3.2 手办翻模制作流程

　　制作手办翻模作品并不复杂，只需要遵循以下步骤即可实现。

　　对于翻模类的作品来说，最关键的步骤有两步：其一是实体原模型的设计和创作过程，尽量确保模具模型内壁平整光滑，这样翻模出来的效果也会光滑，否则翻出来的模型外表面会坑坑洼洼；其二，翻模液材料的选取也很重要，特别是如肥皂水、蜡模这样的材料，液体的浓度配比以及色彩饱和度，都需要经过计量与测试，否则不容易出现理想中的效果。

### 7.3.3 手办翻模的材料

在开始进行手办制作之前，精心筹备相应的物料是必不可少的步骤。

通常可对手办翻模的物料分成三类。

第一类，模具模型。3D 打印或其他方式生成的实体模具。

第二类，翻模材料。如 AB 胶、肥皂料块、蜡块、巧克力原材料等，皆为加热状态可呈液态的材料。

第三类，颜料及起光滑作用的材料，如：丙烯、珐琅彩、模型漆以及光油、凡士林等。

当然也要预备毛笔、颜料盘、水杯等辅助工具。

手办翻模制作流程

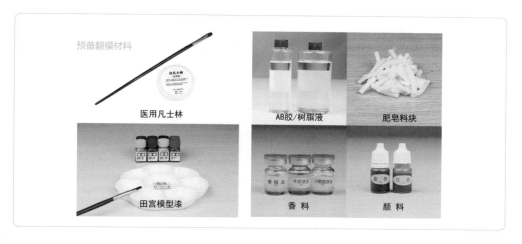

7.3.4 实例教学

难度指数 ★

## 角色手办翻模

▲ 制作模具 ｜ 将三维模型与立方体做【减运算】

◀ 实体模具 ｜ 3D 打印制作实体模型

1 设计与制作模具。

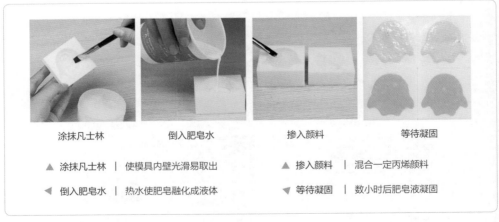

涂抹凡士林　　　　倒入肥皂水　　　　掺入颜料　　　　等待凝固

▲ 涂抹凡士林 ｜ 使模具内壁光滑易取出　　　▲ 掺入颜料 ｜ 混合一定丙烯颜料

◀ 倒入肥皂水 ｜ 热水使肥皂融化成液体　　　▼ 等待凝固 ｜ 数小时后肥皂液凝固

2 注入翻模液体材料。

树脂翻模成品

肥皂翻模成品

**3** 合并黏贴，作品成形。

# 7.4 加工后处理

## 7.4.1 作品后处理概念

任何刚刚从三维模型转变成实体的作品，都不能算作完成品，如刚从 3D 打印机中取出的实体模型，其表面充斥着各种支撑物，而当用工具清除支撑材料后会发现，由于分层数量不够或是打印精度欠佳，模型表面存在着各种凹凸纹理，甚至会有错层或断层的状况。因此，就需要设计者对作品进行再次加工处理。

为使作品呈现出满意效果，通常在后加工处理阶段分成三大步骤，即打磨抛光、着色喷漆和封装保养。

当然，使用不同造物方式和材料所创作出来的作品，其具体的后处理方式会有些许差异，以下以 3D 打印作品为例进行说明。

## 7.4.2 作品美工后处理流程

手办翻模后处理流程

手办模型的外表圆润且平滑，特别是动漫角色模型，经过喷漆与光油，会给人写实级别的观感。 要想达到这样的效果，最核心的秘密在于模具内壁是否光滑。3D 打印的实物表面存在层层纹理，且支撑物会影响主体模型外表面的光滑度，因此需要手工打磨和抛光处理。

## 7.4.3 实例教学

难度指数 ★

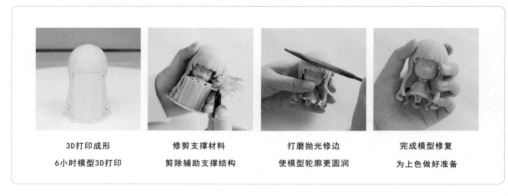

| 3D打印成形 | 修剪支撑材料 | 打磨抛光修边 | 完成模型修复 |
| --- | --- | --- | --- |
| 6小时模型3D打印 | 剪除辅助支撑结构 | 使模型轮廓更圆润 | 为上色做好准备 |

1 快速成形与模型修复。

手工着色中　　　　　丙烯颜料效果

▼ 珐琅彩漆料 ｜ 性价比比较高的模型喷漆涂料，
色彩饱和度高，色泽艳丽，有异味，难清洗

▲丙烯颜料 ｜ 最为常见的美术彩绘颜料，
色彩饱和度低，色泽柔和，无异味，易干裂

手工着色中　　　　　珐琅彩漆料效果

2 模型美工着色。

▲最终成品对比

3 完成作品。

part
4

创意设计
与教育

# 疯狂造物与教学案例

随着三维设计与实体制造技术学习的不断深入，创作作品的相关技能也会日趋熟练，在这种情况下，困扰创作者的很大程度并不一定是技术或如何应用等问题，而更有可能是受到思想意识方面的局限，即会对"创造什么样的作品更有价值"等问题陷入深思。这方面对于教育工作者来说则显得尤为突出。

本章根据贝勒教学团队丰富的实战教学经验，结合当前国内外较为流行的造物类教学案例进行分析，按照作品的类型与难度等级进行解构，希望能够为大家提供不同的创作思路。

当前创新性教育将造物类作品分成三个层次，根据作品所含技术难度、融合知识的广度以及应用的复杂程度，分为"创客作品""STEAM 学科融合作品"和"PBL 项目式作品"。以下将对每一种类型的作品进行分析详解。

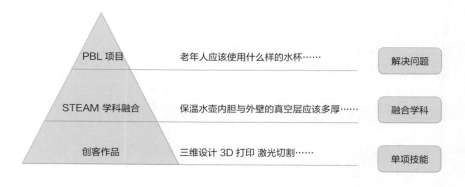

# 8.1 创客类作品

所谓"创客"，通常给出的概念是"一群不断尝试创新，努力通过各种技术手段将想法转变成现实的人"，而这群人所创造出来的作品差异性很大，要么与众不同，要么用颠覆性的技术手段或者方法，不断丰富着现实中的各项技术。因此，创客类作品的精髓就是"为创新而创造"。

对刚刚接触三维设计与数字制造的初学者来讲，最适合练习的作品就是将一幅平面绘画作品转换成三维模型，再通过 3D 打印机、激光切割机等设备完成实体化呈现，期间，创作者能够体会到平面向三维空间的转化过程，也能够通过现代数字技术实现作品的虚拟化和实体化，同时经历数字制造的全流程，即：草图绘制—三维建模—三维渲染—数字制造—美工优化。

## 8.1.1 独立创客作品：3D 打印儿童画 | 难度指数 ★

国外的 MOYUPI 和 Kids Creation Station 两家创新公司就是利用孩子们天马行空的涂鸦作品转变成实物这一想法，为很多孩子实现梦想提供了帮助。他们通过孩子们在线上传的儿童画作品，经过从平面到实物一系列制造过程后，以邮寄方式寄送给原创的孩子们的。可想而知，当小朋友拿到自己创作的作品时的兴奋程度。

经过前面章节的学习，相信正在阅读的你也已经掌握了从平面绘画到实体造物的所有技术，不妨也可以试试，完成立体儿童画的创造。

以下给出贝勒教学团队学生案例及参考步骤，方便读者掌握并加以练习。

3D 打印儿童画案例看似简单，但是想要在三维设计中模拟出与绘制的草图一模一样的效果，不仅需要对三维设计有一定量的练习，而且基于不同零件组装，同样需要对于"公差"的概念有所了解，同时对于草图绘制环节中，"正视图"没有画出来的结构，需要通过"脑补"来想象。

＊图片信息节选自国外官网

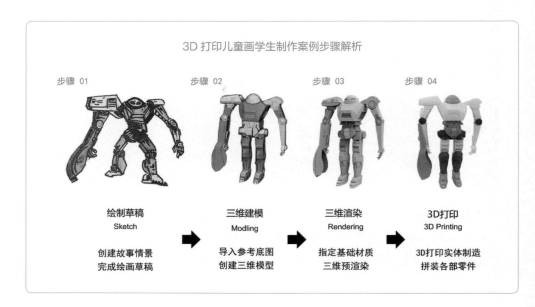

## 3D 打印儿童画学生制作案例步骤解析

| 步骤 01 | 步骤 02 | 步骤 03 | 步骤 04 |
| --- | --- | --- | --- |
| 绘制草稿<br>Sketch | 三维建模<br>Modling | 三维渲染<br>Rendering | 3D打印<br>3D Printing |
| 创建故事情景<br>完成绘画草稿 | 导入参考底图<br>创建三维模型 | 指定基础材质<br>三维预渲染 | 3D打印实体制造<br>拼装各部零件 |

3D 打印主题儿童画制作案例集锦

女生最爱的主题儿童画

男生最爱的主题儿童画

### 8.1.2 进阶创客作品：结构设计与优化 | 难度指数 ★★

三维设计作品按照制作的难易程度一般可以分成两个层次。

一种是设计者学会了计算机辅助设计软件（如 3D One）中所有建模功能和命令，就可以完整设计并还原实物，这些作品通常是一个完整的整体，不分什么部分或者零件，所有作品都是基于三维设计软件的工具和命令而来，更注重作品整体的外轮廓和样貌。因此，这样的作品通常来自三维设计的初学者。

另一种则是根据作品需要的传动结构和零件运动范围等要求设计而成，创作者不仅要考虑作品的整体性，也要依据不同的制作方式和材料属性来设计和制造。当创作的作品被细分成多个零部件后，好的方面是可以打破之前整体设计的限制，创建出灵活运动的结构；不好的方面则会对创作者设计与制作技能的要求提出很大的考验，特别对于"公差"等概念提出了新的、更高层次的学习要求。

以下给出几种结构设计作品的案例，供各位读者参考。

### （1）益智孔明锁 | 难度指数 ★

孔明锁是家喻户晓的中国传统经典益智玩具，不仅体现出勤劳的中国古代人民的集体智慧，其中精妙的结构设计更演变成工业设计领域中的经典结构。

从设计角度，孔明锁每一个结构件都是可以通过"草图绘制""拉伸"和"布尔运算"完成，只要设计者为零件组装时预留足够的"公差"，约 0.2mm，即可在 3D 打印成形后拼装成一体。

上述案例中给出最简单的孔明锁制作流程，想要延展训练的读者，可以挑战更高难度的不规则孔明锁设计，也可以参见中国传统建筑设计中斗拱的设计。

扫码看视频讲解

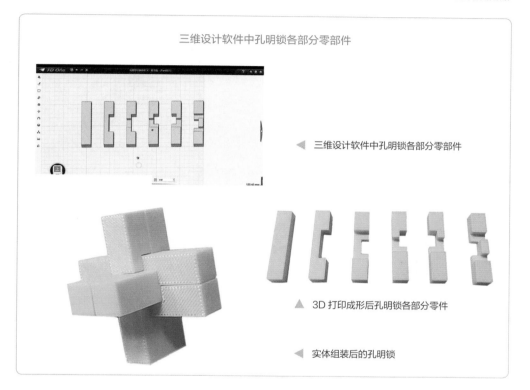

三维设计软件中孔明锁各部分零部件

◀ 三维设计软件中孔明锁各部分零部件

▲ 3D 打印成形后孔明锁各部分零件

◀ 实体组装后的孔明锁

## （2）活动性关节 | 难度指数 ★

　　想要制作出带有灵动性的作品，除选择零件可拼装的方式外，也可以尝试为零件设计带有活动关节的连接结构。通常的做法是将一个完整的作品进行【实体分割】，在所分割的各部分中创建"轴"，同样要预留足够的"公差"（0.2mm），这样即便是一次性整体 3D 打印，所制造出的作品依旧是带有活动关节的（可参见第 7 章 3D 打印的小机器人）。

　　以下提供最简单的"活动性关节"案例，供读者学习与制作。

扫码看视频讲解

## 活动关节案例制作步骤

步骤 01 草图绘制恐龙外形，拉伸成实体

步骤 02 绘制实体关节，沿曲阵列

步骤 03 布尔减法，创建活动关空间

步骤 04 创建柱体凹槽与轴，沿曲线阵列做减法

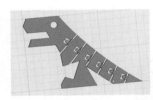

步骤 05 圆角过渡边缘，优化外观细节

步骤 06 3D 打印，拆除支撑，完成作品

当然，如果想要做得更复杂一些，可以参考其他设计师创作的迷你战斗机器人。

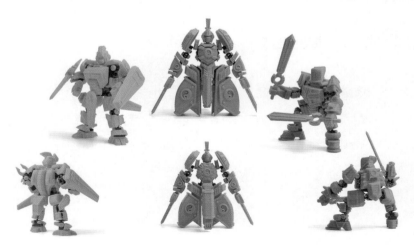

（3）**手机支架 | 难度指数** ★ ★

想要从三维设计角度再度升级创客作品的技术难度，就要在功能结构上下功夫了。一般能够在现实中表现某类产品的特性，或是通过作品的结构解决现实中人们遭遇的某些具体问题，哪怕是晾衣架或者是小夹子这类作品，都会被列入到"实用新型"的范畴内，通过国家知识产权系统申报，若经核实属于首次创建的技术，创作者甚至还会得到相应的证书认可。

为了能够让读者体会到这类作品的综合性，以下特别选取"手机支架"这一案例进行说明。

扫码看视频讲解

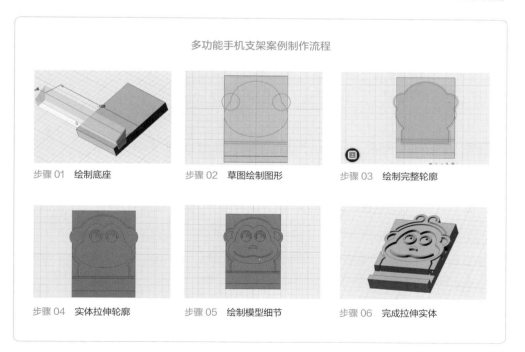

多功能手机支架案例制作流程

步骤 01　绘制底座　　　　步骤 02　草图绘制图形　　　　步骤 03　绘制完整轮廓

步骤 04　实体拉伸轮廓　　步骤 05　绘制模型细节　　　　步骤 06　完成拉伸实体

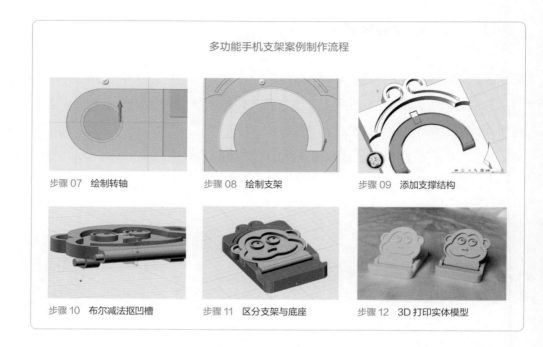

多功能手机支架案例制作流程

步骤 07　绘制转轴　　　　步骤 08　绘制支架　　　　步骤 09　添加支撑结构

步骤 10　布尔减法抠凹槽　　步骤 11　区分支架与底座　　步骤 12　3D 打印实体模型

　　手机支架最核心的部分是底座与支架间的活动结构，一方面要提前在两者间预留足够公差，确保两部分零件在 3D 打印实体后能灵活拼插，另一方面要注意转轴部分的"运动干涉"，尽量避免不同零件之间相互阻碍的状况发生。

### 8.1.3 综合创客作品：开源电子结合案例 | 难度指数 ★★★

　　对于一心想要完善创客作品的设计者来说，从功能结构上不断研磨三维设计技能是一条路；结合当前正在流行的开源电子硬件，让自己的作品能够发光、发亮，甚至能够通过各种传感器感知世界，自动地根据预设进行实时的反馈，这是另一条路。当然作为设计者就需要突破三维设计和制造领域的限制，将专业技能拓展到电子电路和逻辑编程的范畴。

"智能小夜灯"案例制作流程参考

三维设计软件中创建立方体灯罩壳体模型
插入电子件，与灯罩底座布尔运算，预留空间
导入三维切片软件，各零件切片分层处理

3D 打印制作各部分零件
预备开源电子硬件
电路预拼装

3D 打印 → 选择对应智能硬件

组装开源电子硬件
打磨处理 3D 打印零件
装配最终成品

组装智能硬件 → 着色与装配

# 8.2 STEAM 教育与学科融合作品

## 8.2.1 STEAM教育理念

　　STEAM 教学理念源自美国，其重点是希望通过科学、技术、艺术、工程和数学五个方面的融合，提高学生的综合素质，后传入国内与中国本土教育相融合，形成与数学、物理、生物等学科相融合的实验性探究型学习方法，并在全国中小学和校外机构普遍应用。

　　STEAM 教育的核心是鼓励造物设计者在重视设计与造物技能和技巧的同时，更要注重作品最终成形的实际应用效果，要更多地通过数据统计与计算的方式，用科学的方法对每一个设计环节进行控制。只有这样才能使造物更加实用与科学，相反，经不起理论推理和实验验证的设计作品，也都将是"空中楼阁"。

### 8.2.2 STEAM + 地理实验：圆明园地图｜难度指数 ★

地理是一门基础性学科知识。但是在课堂中学习地理知识会受到很大的局限性，仅仅通过图片或者视频来了解真实的地理地貌信息会非常枯燥，学生理解起来也相对乏味。因此运用现代化信息技术，结合三维设计和 3D 打印的相关技能和知识，将其转化成立体可视化的模型，这对地理知识的掌握与转化会有非常大的帮助。

通过向三维设计软件中导入"圆明园"的图片信息，通过【拉伸】命令形成三维模型，导入三维切片软件分层处理，并通过 3D 打印机实体制作，可以真实还原圆明园地图模型。

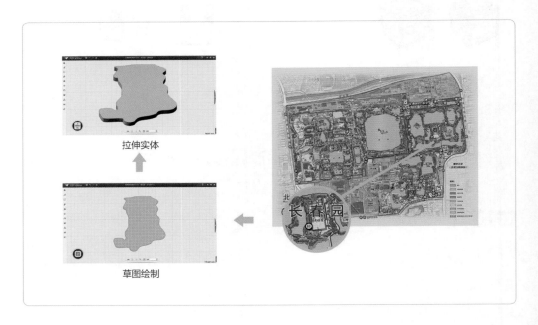

拉伸实体

草图绘制

下图给出了两组地理学科的教具案例，左侧的"青藏高原"与"四川盆地"模型是根据已有的地形图，通过三维软件中的【浮雕】工具实现的立体效果；右侧的"3D打印山体模型"则反其道行之，将立体的山体模型三维切片并实体制作成分段模型后，在纸上固定点处手绘描边还原"等高线图"。这样一正一反的训练，有助于提高学生识别地图的能力。

成功运用信息化的手段可以轻松学习、爱上创作。灵活运用 STEAM 的学习理念，可以更好地激励创作者主动设计与自主实践。

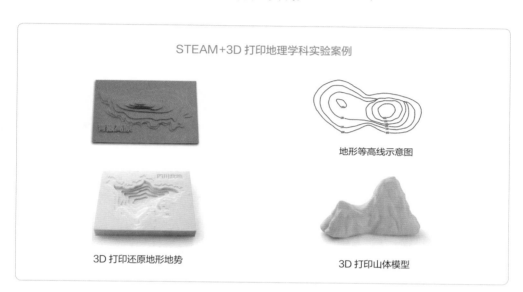

STEAM+3D 打印地理学科实验案例

地形等高线示意图

3D 打印还原地形地势

3D 打印山体模型

## 8.3 PBL 项目式学习作品

### 8.3.1 PBL 项目式学习

所谓 PBL 项目式学习，即创客设计者在一段时间内，根据所面临的真实且复杂的问题进行深入调查与探究，并在探寻答案的过程中获得相关知识和专业技能，因此是实用性极强的自我学习与进阶方法，当然其困难程度也相对较高。

随着现代化进程的不断发展，特别是信息化技术的大幅提升，造物者想要完成一件比较复杂的作品所需要掌握的知识与技能也在不断提高，这也就促使更多优秀的人组成团队，在一个强有力的目标驱动下，完成任务并解决问题。

### 8.3.2 主题场景作品：场景设计与还原 | 难度指数 ★★★

如果要想技术难度不提升，而最终的创客作品能够达到让人眼前一亮的效果，最佳的做法不外乎把独立的创客作品加以包装，作品尺寸逐渐放大，融合一些流行因素，特别是加入一些声、光、电等，从而形成主题式场景类创客作品，如场景沙盘等。

对于创客初学者而言，带有故事性或者真实世界中的场景会唤起他们的创作热性，在创作还原的过程中，通过现场观察，在线搜索大量数据和信息，能够极大地方便造物还原的创作过程。

"植物大战僵尸"和"工程交通车"主题作品，选自 2017～2018 年贝勒教学团队教学实验课，参与学习的小创客平均年龄 9 岁半，参加 6～8 课时，整个的学习过程中，教学团队有意避开先教设计和制造工具的使用，后教具体制作步骤的方式，而是由学生自主选择所要制作的角色，然后根据角色所需要的创作技能，反过来学习建模命令，有的时候甚至采取鼓励学生自主网络边查边学，辅导教师仅作引导而不直接说明的方式。学生学习的热情和最终成果所表现出来的情况要远远强于传统教学模式。

同样的制作方式，如果放在学校的社团课中进行，则可以引导学生还原校园沙盘。以下案例选自北京市中关村第三小学每周一次的社团课，通过一个学期完整的制作过程体验，给学生带来远远高于技术本身的锻炼。

"植物大战僵尸"主题 3D 打印作品

"工程交通车"主题 3D 打印作品

扫码看视频讲解

某小学校园沙盘案例步骤解析

**第一阶段　采集校园数据**

> 总共分成6个小组，4人/组
> 根据区域划分制作

**步骤 01**　　　创建4人小组，建立分工机制

工程师

3D打印 & 材料测试

数据师

数据采集与整理
电子电路布置

设计师

三维建模 & 辅助优化

美工师

美化处理 & 手工制作

第一阶段 采集校园数据

步骤 02　　　实地测量校园数据，Google Earth测量校园

"相似三角形"测量楼高

Google Earth数据　　　　　正在进行实地测量的学生

遇见的挑战

- ☑ 教学楼的高度不易测量
- ☑ "步子测量法"数据不够精准

第二阶段 设计与制造

实地绘制数据

三维建模楼体

3D打印楼体粘合

3D打印模型拼合

沙盘美工着色

钻孔安装控制线路

第三阶段 总结与展示

▶▶　T 01　　制作演讲PPT

▶▶　T 02　　演讲彩排

▶▶　T 03　　接受校领导及师生观摩

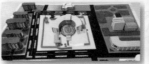

　　3D 打印校园案例中，关于校园实际测量和沙盘通电等在一定程度上已经可以算作 STEAM 教学与数学、物理学科融合的内容，而创客集体合作学习、共同创作部分又与 PBL 项目式教学相交叉，因此想要完成这么一个作品并非易事，需要师生共同的努力，在自学创客技能和造物技巧的同时，共同面对各种困难。

　　当然，主题场景类创客作品也可以和影视作品相结合，还原一些经典影视桥段中的场景和道具，以下给出的案例，选自贝勒教学团队 2016～2017 年中国儿童中心和

"动物园"主题
3D 打印场景还原案例

"侏罗纪公园"主题
3D 打印场景还原案例

3D 打印主题场景学生制作案例集锦

3D 打印"未来机场"主题沙盘

3D 打印主题乐园

3D 打印主题城市

上海月星环球港实验课中学生创作的作品。

### 8.3.3 PBL项目案例：MR混合虚拟现实驾驶赛车项目丨难度指数 ★★★

疫情前，每年北京市中小学创客展示活动中有一个科技赛项叫"MEV 机动电能车"比赛，想要参与这个活动，就需要参加的学生完全按照 PBL 项目式学习的方式来进行。参加竞技的学生团队，需要参考真正的 F1 赛车车队的组建方式，进行人员分工与车体的设计和制作，最后通过 VR 头戴系统来远程控制真实的赛车模型，并在赛道上与其他团队同场竞技。

从整体上来看，这个赛车制作与竞技项目并不复杂，不外乎车体的三维设计、3D 打印、零件组装、车壳装配和虚拟驾驶五大环节，但是细分起来，每一个环节的难度都不小，特别是从无到有创建一辆可驾驶的赛车模型，而且没有真正意义上的教程，仅凭学生相互配合探索着向前摸索，这需要花费大量时间和精力自主学习与思考，对车队每一个成员都是很好的锻炼。

扫码看视频讲解

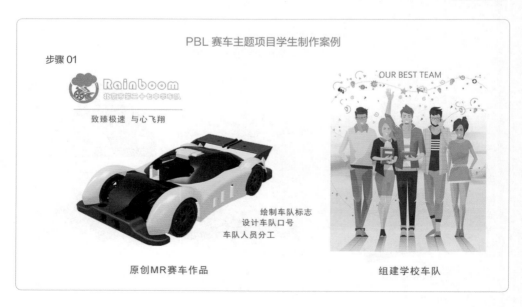

PBL 赛车主题项目学生制作案例

步骤 01

Rainboom
北京市第二十七中学车队

致臻极速 与心飞翔

OUR BEST TEAM

绘制车队标志
设计车队口号
车队人员分工

原创MR赛车作品

组建学校车队

步骤 02

三维设计赛车壳体

步骤 03　装配车体结构，组装 3D 打印车壳零件

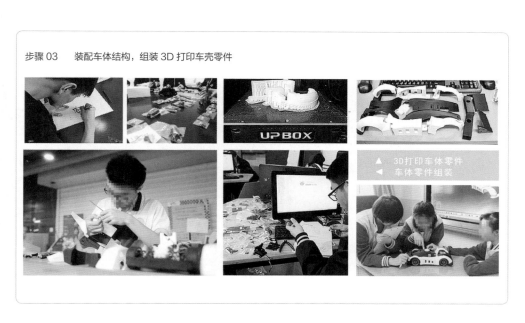

步骤04　远程虚拟驾驶

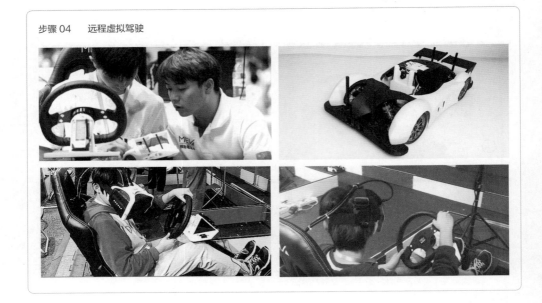

　　赛车主题 PBL 项目是一个综合性极强的造物案例，不仅要求创客对于信息化技术如三维设计、3D 打印等进行专项训练，还要在造物过程中不断用物理、数学等学科知识进行计算与验证，对于造物的环节更加可控，最后车队小组分工设计与整体合作相结合，既要对外部统一竞技比赛，又要对内部进行协调各种事宜。

　　总而言之，类似案例中赛车 PBL 主题案例这样的项目式学习，其根本目的都是希望造物者聚焦问题与不断思考、选择解决问题的最佳途径，通过一步步摸索、试错来达成终极目标，至于所用到的技术和方法都是在为解决问题服务。